黃金的傳奇史

GOLD

拜金6000年，
黃金如何統治我們的世界

蕾貝卡‧左拉克 REBECCA ZORACH ／ 小麥可‧菲利普 MICHAEL W. PHILIPS JR 著　黃懿翎 譯

CONTENTS

序　尋金夢

19　尋找黃金國

26　埃及黃金地圖

34　黃金有什麼特別？

第 1 章　黃金飾物

43　亡者配戴的金飾

49　活人配戴的金飾

59　金織布

67　其他領域

第 2 章　黃金、宗教與權力

83　金上題字

101　石頭與骨頭

110　從裡到外

第 3 章　以金為幣

119　古金幣

124　中國黃金 vs. 中國貨幣

127　金本位制

出於約西元前第十四～十三世紀安納托力亞（Anatolia）中部的西臺帝國（Hittite Empire），女神抱著嬰孩端坐的金像。

序——尋金夢

　　黃金自文明之初就使人類陶醉不已。人類很早就用這種延展性最好、最耀眼的金屬來創作各種藝術，也因沒有參雜其他材質，所以無需複雜的熔化技術。黃金因質地柔軟而在製作工具方面毫無用處（雖然現代科學界已發現多種用途），所以最早是作為裝飾用。

　　人會用黃金來鑄幣，或許正是因為覺得它「毫無用處」，而非覺得它漂亮或高貴。至於為何會產生價值，亦即變成一種貴重的錢財媒介，這個問題可能無解。早期人類文明難道是因為看中黃金的某個特質才把它作為錢來使用？是因為古代人基於某個現代不明的原因，習慣把黃金當錢使用，導致後來我們認為黃金很珍貴而產生瘋狂的迷戀呢？另外值得注意的重點是，黃金從古至今確實令人讚嘆不已，但談到財富與偶像崇拜的批判時，卻又認為它與真正的價值恰好相反。想要探討人為何渴求黃金，就必須專注在價值本身及意義的問題來談。

　　黃金是一種元素、一種重金屬，無法像輕金屬那樣藉由恆星融合而生。現在的科學家相信，宇宙裡存在的黃金，很有可能是由恆星死前（超新星）碰撞而產生而來。[1]地球形成產生的黃金可能有1600萬億公噸，且大多沉到地核裡；後來因隕石撞擊後，才形成表土礦層（此即人類所能開採的全數黃金）。[2]很久以前發生的隕石撞

■ 格奧爾格烏斯・阿格里科拉（Agricola）在《論礦冶》（*De re metallica*）書中的尋水術木刻畫。

擊事件，產生出人類可以開採的金礦。地球一開始開採的黃金有四成出自南非維瓦特斯蘭（Witwatersrand）地區，那裡的金礦已形成了 30 億年，僅比地球年輕了 15 億年而已。與這些相比，人類接觸黃金還只是最近的事而已。人類自古就已開始使用黃金，黃金不僅蹤跡遍及各大陸，更是史前人類最初開採與利用的金屬之一。

金礦大多是少量存在或埋藏於玄武岩和花崗岩等礦脈裡面，以及濁流岩（古代海洋作用過程中所形成的沉積岩石層）的岩層中。

黃金及含金的岩石合稱「礦體」，內含的黃金也稱作「脈型金礦」
（lode gold）。黃金大多會與雲母、黃鐵礦（又稱「愚人」金）伴生，
也會與銀或銅以合金的形式出現。純金的金塊可能是細菌活動的產
物，科學家特別研究了代爾夫特食酸菌（Delftia acidovorans）及耐
金屬貪銅菌（Cupriavidus metallidurans），這兩種細菌具有抗重金
屬毒性的基因，目前已證明會將黃金溶解成可經由沉積物改變位置

▋ 1869 年，礦工和太太與發現「歡迎新手」金塊的理查・奧茲（Richard
Oates）、約翰・迪森（John Deason）及其太太的合照，此乃採用蛋白印相名片肖
像照技術所攝。

▍英格蘭彩飾手抄本的彩繪師威廉・德・布萊利斯（William de Brailes）於
西元 1250 年左右，在羊皮紙上使用油墨、顏料與黃金所創作的「以色列人
拜金牛犢」。

▌詹姆士‧福特（James May Ford）的手工上色銀版攝影作品《男孩與採金礦玩具畫像》（*Portrait of a Boy with Gold Mining Toys*）。

▌《印第安人編年史》（*Corónica de las Indias*）裡，貢薩洛‧費爾南德斯‧德‧奧維耶多‧伊‧巴爾德斯（Gonzalo Fernández de Oviedo y Valdés）所做的木刻畫，呈現殖民時代早期印第安人淘金的景象。

的奈米粒子，而且可能聚合形成金塊。[3]

　　所謂發現金礦就是找到這種會發光的金塊，這些金塊大多會出現在「砂積」礦床，因為岩石風化後所形成的黃金顆粒，會密集沉積在河岸和溪岸（砂積 placer 是西班牙文，「沙洲」之意），然而，最大的金塊卻是在地底礦坑中發現的。1858 年於澳洲發現，且在1859 年送到倫敦熔化的「歡迎新手」（Welcome Stranger）金塊（純金重量達 71.018 公斤），或許是世界上發現最大的金塊。而此外，在 1983 年在巴西帕拉（Para）發現的「加拿」（Canná）金塊或許僅是一小部分，完整的可能比「歡迎新手」金塊更大，是目前世界存在的最大金塊，內含 52.332 公斤的黃金。

淘金客會用一些特殊技術找出隱密的金礦，包含尋水術（利用特殊形狀的棍棒來探測埋藏黃金脈衝位置）、黃金預知夢（十九世紀在愛爾蘭的尋寶獵人中流傳著，遵照夢中指示就成功發財的故事）以及現代的指標植物（例如，發現可以吸收大量黃金的馬尾草，代表土壤中含有高濃度的黃金）[4]。但從歷史上來說，大多數想要開採金礦的人，起初都是偶然地在水裡找到片金或金塊，例如詹姆士・馬歇爾（James W. Marshall），就是在他興建鋸木廠的尾水道或水閘門時發現了黃金，而後開啟加州淘金熱。確實，銅石器時代最早的淘金客極可能是用加州淘金熱電影裡常見的砂礦開採技巧，再用水把片金或金塊沖洗乾淨。「淘洗」砂金用的就是這種技巧，用大盆子裝滿水，慢慢地讓密度大於其他物質的黃金沉到盆底。大規模的方式是鏟到洗礦槽或振盪器裡淘洗，或甚至是用高壓噴水器來除去石頭或沉積物，進而將漿液沖進洗礦槽裡。

　　將人類至今為止開採出來的黃金蒐集起來，可以做出一個每邊超過 20 公尺（65 英呎）、重 176,000 公噸的立方體。[5] 地表底下的金礦會採用坑內或露天開採。也許砂礦開採出現較早，但坑內採礦的方式也行之有年。喬治亞州南部的採礦最早可追溯至西元前 4000 年的青銅器時代初期；埃及人則是於西元前 1300 年初左右，就已開採了努比亞（Nubia）的地底金礦，且發展出精密的操作方法。古埃及有關黃金的象形文字多元龐雜，無論顏色、純度與起源地之間的差異都描述地鉅細靡遺。

　　羅馬人的採礦技術或許是向埃及人學來的，北至威爾斯多勞克西（Dolaucothi），西至西班牙西北部萊昂省（León）拉斯梅德拉斯

弟弟佩利阿斯（Pelias）篡位。佩利阿斯為了擺脫討厭的姪子，派他前往埃亞（Aea）取飛羊身上的金色羊毛。這頭羊大有來頭，牠是波賽頓（Poseidon）之子。當初赫勒（Helle）跌落至今日所稱的赫勒斯滂海（Hellespont）淹死時，便是騎著這隻飛羊，但後來被當作祭品獻給波賽頓，變成了牡羊座。羊毛掛在小樹林裡，由一隻龍守護著，但被後來出現的傑森拿走了。

自開天闢地以來，人們習慣把祖先荒誕不經的傳說合理化，金羊毛的故事也不例外。西元一世紀的作家斯特拉波（Strabo）提出的解釋，至今似乎仍很有道理。他認為科爾基斯（Colchis，黑海極東之地，以前的作家斷定此即埃亞所在地）周圍遍地都是黃金，而且「據說，他們國內的黃金是隨著山區的溪河流瀉而下，蠻族用有孔的木盆和羊毛來篩洗金子，這就是金羊毛神話的起源。」[6] 事實上，直到蘇聯時代，人們仍會用羊毛來淘洗黃金。

將傳說合理化，即西元前四世紀，希臘神話作家猶希麥如（Euhemerus）以降所稱的「神話即歷史論」（euhemerism）。他認為神話是「變相的史實」；這種解釋很合理，因為古代不可能真的存在一隻會飛又會說話的金色公羊。但考古學家戴維・洛德基帕尼茲（Otar Lordkipanidze）在調查金羊毛傳說的各個不同「歷史」解釋時，立場非常明確地說道：「我大膽懷疑，希臘神話裡這頭會飛又會說話，讓人不惜冒險犯難也要取得的金羊毛，且在希臘文學中家喻戶曉的神奇公羊，其實只是『肝臟受損』，其他一切都是杜撰的。」換句話說，學者認為那隻傳說中的羊是隻罹患黃疸的家畜。[7] 無論這則故事是否談到找尋黃金的具體方法，亦可證明了人心對於黃金的渴望。

1599 年西奧多‧德‧布里（Theodor de Bry）的《金人》（*The Golden Man*）版畫細部。

約西元前 470 ～ 460 年的紅彩陶雙耳大口圓柱罐（混合水與酒的容器），呈現出傑森快抓到金羊毛瞬間的圖案。

尋找黃金國（及其他虛構的地方）

後來又出現更多同樣牽強附會，卻使得探險家、國王和平民百姓熱血沸騰的傳說，其中以黃金國（El Dorado）迷人的神話最為聞名。V. S. 奈波爾（V. S. Naipaul）在《失落的黃金國》（*The Loss*

▌ 1617 年西蒙・德・帕瑟（Simon de Passe）的版畫《為尊貴高尚又博學多聞的騎士沃爾特・雷利爵士所繪之真實生動的肖像畫》（*The True and Lively Portraiture of the Honourable and Learned Knight Sir Walter Raleigh*） of El Dorado）中提到：「黃金國故事裡還有故事，見證裡還有見證，使傳說變成最厲害的小說，虛實難分。」這座讓許多探險家不惜喪命也趨之若鶩的南美黃金之城，最初根本不是一座城。黃金國「多拉多」原本應該是人名，意指「全身塗金的男人」。穆伊斯卡族（Muisca）錫帕社群（Zipa）的族人，每年都會在某個宗教慶典時，將土王全身塗滿天然黏膠並覆蓋金粉，然後象徵性地跳進巴卡塔（Bacata，即今日的哥倫比亞波哥大）附近的瓜塔維塔湖（Lake Guatavita）裡。根據胡安·弗雷勒（Juan Rodríguez Freyle）後來於流浪冒險史書《羊的故事》（El Carnero）中的敘述，當時全身鍍金的土王僅僅把成堆的黃金丟進湖裡，「把供物和祭品獻給他們當作神和主一樣膜拜的魔鬼。」[8] 穆伊斯卡族有一件令人讚嘆的工藝品，名為「穆伊斯卡筏」（Muisca raft），上面酋長和眾臣的圖案都是黃金製作的，呈現出酋長在眾臣圍繞下進行的入湖儀式。我們將於第五章詳細討論這件作品。

　　西班牙征服者都曾聽過這些令人心醉神迷的傳說，迪亞哥·奧爾達斯（Diego de Ordaz）的海軍上尉馬丁內斯（Martinez），更聲稱他於 1531 年看過黃金國；然而西班牙人於 1539 年征服穆伊斯卡時，卻未見到任何全身塗金的人或傳說中的寶藏蹤影。可惜，謠言不但未因那次挫敗銷聲匿跡，反而隨著時間甚囂塵上。黃金國不再是一個人，而是一座城，被征服統治的人也樂於告訴探險隊說：沒錯，傳說中的財富就在叢林深處，再往前一點就是了。

　　沃沃爾特·雷利爵士（Sir Walter Raleigh）這時也來湊一腳，這位幹勁十足的詩人兼探險家曾大力廣推菸草，建立了後來被滅的羅

阿諾克殖民地（Roanoke），他也是英格蘭伊莉莎白一世（Elizabeth I）的友人（或許是情人）。他從取得的西班牙人文字紀錄裡，發現蓋亞那（Guiana）奧利諾科河（Orinoco River）上的黃金城馬諾亞（Monoa），因此判斷那裡一定是黃金國。1595 年他去到當地，卻未曾找到馬諾亞，或是說根本遍尋不著黃金。初嘗挫折的滋味反而激起他的冒險欲，回到英格蘭後，提筆為自己的旅程寫下《蓋亞那探行》（*The Discovery of Guiana*），內容有的光怪陸離，但絕大多數誇張不實，還曾出現雷利自己當時該虛心採納的智慧之言，例如：「看盡人生百態之後，我覺得命運與個人美德無關，而是取決於自己嘴裡吐出的話，還有更多人是被自身的缺陷絆倒而萬劫不復。」[9]

史學家喬依絲・羅里默（Joyce Lorimer）表示，雷利的初稿詳盡描繪了蓋亞那原住民的金飾及身上漂亮無比的衣服，卻極少提及開採這種貴金屬的可能性。他的支持者擔心，若不保證未來必定能獲得黃金，投資者大多不願意主動投資，因此說服雷利大肆宣傳：蓋亞那地面上的財寶多到拿不完。他們只是更動一、兩個字，例如把「相信」會有黃金之處改為「知道」。[10] 他靠著更改原稿，成功地湊齊下一趟的旅費，並差派副手勞倫斯・齊密斯（Lawrence Kemys）回到蓋亞那。到了那裡齊密斯才發現，西班牙已在假定有礦產處的附近，建立起「聖多美」（Santo Tomé）殖民地。他擔心萬一被西班牙人發現恐遭伏擊，於是空手而回。雷利仍一無所懼，1597 年再派荷蘭人艾瑞恩・卡伯利歐（Adriaen Cabeliau）前去，依舊空手而歸。

這時詆毀雷利的人開始公開罵他說謊，不僅從南美帶回的礦體

一文不值，反對者更指責他根本從來沒去過蓋亞那，後來的遊記也無法支持他的說法。贊助人伊莉莎白一世於 1603 年駕崩，同年雷利更因涉嫌謀害繼任詹姆士一世（James I）入獄，被關進倫敦塔（Tower of London）。

　　所幸，慢慢地時來運轉，最大的勁敵羅伯特．塞西爾爵士（Sir Robert Cecil）於 1610 年逝世；塞西爾爵士不僅身兼國務大臣和詹姆士王的特務首腦，更親手把雷利送入監牢。眼見英格蘭財庫空空如也，與西班牙又開戰在即，雷利緊抓這天大的好機會，突然想起自己確實親眼見過金礦場，也知道確切的位置。於是，他揮舞著一大疊寫著西班牙神祕情報的信件，裡面恰巧支持他說法的真實性。原本毫不值錢的礦體經過礦物學家（且收到重禮酬謝）的朋友重新鑑定後，變成富含黃金的礦體。1616 年時，雷利因詹姆士一世而從倫敦塔獲釋，1617 年他整裝待發，再度前往蓋亞那，唯一的條件就是禁止他與西班牙人發生衝突。

　　上述條件最後也導致這次的探險全軍覆沒，他亦被禁止擔任領隊，只得由副官齊密斯帶著探險隊至奧利諾科河，最後在聖多美與西班牙人發生衝突戰。此戰事發生經過不明，雷利的長子沃爾特（Walter）戰死，齊密斯進到城裡坐鎮指揮，與憤怒包圍他們的西班牙軍隊交涉不成後，便下令洗劫並燒毀全村。後來他向雷利說明事發經過後便舉槍自殺，未果，竟再用刀自縊。雷利造成的國際事件差點引發另一場與西班牙的戰爭，他心碎地空手回到英格蘭，被詹姆士一世下令處死。雖有不少人想幫助雷利越獄，卻都被他拒絕了，最終於 1618 年在西敏寺（Westminster）被斬首。

ATABALIPA REX PERVVIÆ

JDavidF.

▋ 克勞德・維農（Claude Vignon）於 1610 ～ 47 年間的《印加王阿塔瓦爾帕像》
（*Portrait of Atahualpa Rex Peruviae*）版畫，後由傑若米・大衛（Jérôme David）
重製。

為了黃金而人頭落地者前仆後繼，雷利爵士既非空前，也非絕後，四處找尋這種閃閃發光的金屬，最終一無所獲者比比皆是。人類自有歷史以來，黃金這種比較像是想像存在於某個遠方的金屬，一直都散發著某種夢幻般的吸引力，但這股吸引力卻無法帶來意料中的結果。找尋黃金的冒險家多半以失敗收場，儘管如此，人仍然不斷以黃金作為各種領土拓荒與占領的藉口，有時是探查未知的領土，有時則是搶奪新發現黃金的土地。黃金驅使人到處探查與征服，對於大規模人口移動所造成的龐大影響，遠甚於貨幣本身代表的價值。

　　美洲一直以來都是許多故事傳說的城市發源地，當然也是阿茲特克（Aztec）和印加帝國（Inca）那些真實存在的城市傳說的靈感來源。印加帝國末代國王阿塔瓦爾帕（Atahualpa）驚人的財富，或許就是富可敵國的最佳例子。1532 年他落入法蘭西斯克・皮薩羅（Francisco Pizarro）的手中，他向皮薩羅表示，如果能夠放他一馬，就會給予世上獨一無二的贖金，即在 85 立方公尺（等於 3000 立方英呎）的大房間裡堆滿黃金送給皮薩羅。這些財寶必須讓印第安金匠用九個熔爐，花上近一個月，才能把它們全數熔化，而這對於想要藉機了解印地安工藝技術的我們來說簡直是莫大的損失。但這筆贖金終究不管用，因為皮薩羅在捉住他幾個月之後，便請皇帝對他處以極刑，僅特許阿塔瓦爾帕選擇絞刑，而非被綁在木樁上施以火刑；在印加人的信仰觀念中，身體若被燒毀，靈魂就無法進入來世。

　　大約與此同時，西班牙征服者弗朗西斯科・巴斯克斯・德・科羅納多（Francisco Vázquez de Coronado）為了找尋神祕的七座黃金城（Seven Cities of Gold），探查了墨西哥北部，最後探險隊幾

乎全軍覆沒，僅四名隊員倖存——他們向人述說關於 600 名西班牙人在 1828 年航向佛羅里達半島卻殖民失敗的故事。據他們所說，在四處漂泊的八年間，他們一再聽到城裡滿是財寶的謠言。一名奉派調查的方濟各會修士則說，他曾在遠處看過黃金七城中的錫沃拉（Cibola）城，並陳述其規模與富裕的程度，足可與阿茲特克的首都特諾奇提特蘭（Tenochtitlan）相提並論。奉差遣收取黃金的科羅納多抵達今天的新墨西哥時，卻發現錫沃拉城其實是祖尼族（Zuni）農民的部落，而且居民住的都是泥磚房。科羅納多並未灰心喪氣，反而占領那裡，當作軍事基地使用。

後來科羅納多聽說：更東邊有個地方叫做基維拉（Quivira），酋長會用掛在樹上的金杯喝東西。於是，找一個當地人作為嚮導，並叫他小土耳其（Turk，因為這群西班牙人覺得他外表像及土耳其人），便動身橫跨北美大平原（the Great Plain），到了今天的堪薩斯州才知道自己被唬弄了。據科羅納多所說，小土耳其招供如下：

> 希庫耶（Cicuye）人請小土耳其把他們帶離平原並丟在那裡，等到彈盡糧絕，馬匹就會死，即使折返也會變得非常虛弱，如此一來，希庫耶人就能不費一兵一卒將他們幹掉，來報復這群人之前對他們做的事情。

科羅納多把小土耳其絞死。這場報復行動至少曾經有一度算是成功的，因為科羅納多從未找到他心目中的黃金城，且西班牙人接下來的那一代人均對於西南部不屑一顧。[11]

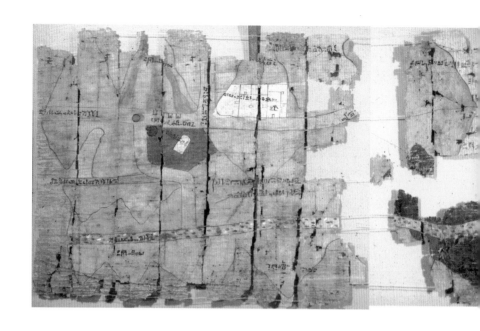

埃及黃金地圖

在找尋黃金的各種傳聞中，常會出現一種跟藏寶有關的老生常談：話說只要有正確的古地圖，就能找到海盜埋藏的寶物。但其實沒有證據可以證明：海盜會在地圖上畫一堆標記，再用大大的 X 暗示著埋藏寶藏的位置。基德船長（Captain Kidd）就是最貼切的例子，他確實曾於 1699 年將一些黃金藏在長島（Long Island），卻從未繪製藏寶地圖，因此不管二百年來的尋寶獵人跟你說了什麼，其實那些財寶早已全數收回，並運到英格蘭作為審判的物證。我們可以認為，大家會以為有藏寶圖，都是羅伯特‧路易斯‧史蒂文森（Robert Louis Stevenson）在 1883 年所著的《金銀島》（*Treasure Island*）的錯。

這並不是說藏寶圖從未存在過，死海古卷（Dead Sea Scrolls）裡

■ 埃及新王國時期（New
Kingdom）第二十王朝（西元前
第十二～十一世紀）中的某一
片莎草紙上的西乃（Sinai）金
礦地圖。

■ 西元第一世紀的昆蘭
銅書卷（Qumran Copper
Scroll）。

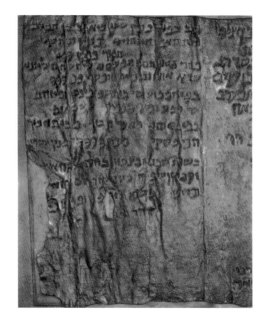

一份西元第一世紀的銅書卷（the Copper Scroll，文字不是寫在羊皮紙或莎草紙上，而是刻在銅版上而得名），的確有指出大批金銀寶藏的位置。但這些指示並不具體，因此寶藏至今仍未重見天日。[12]

都靈莎草紙文獻（Turin Papyrus）是更古老的地圖，這是埃及法老王拉美西斯四世（Rameses IV）的一名抄寫員於西元前 1160年左右繪製的。這份地圖長約 208 公分（82 英吋），寬約 41 公分（16 英吋），如今已支離破碎。目前珍藏於都靈埃及博物館（the Egyptian Museum）的這張地圖，證明了人類在非洲探尋黃金已有悠久的歷史。的確，非洲的黃金早在歐洲人垂涎美洲傳說中的黃金城之前，就已受到覬覦，甚至在那之前，非洲大陸上的其他人就已虎視眈眈。非洲的黃金自古以來吸引不少商人與侵略者的目光，或至少自人類開始繪製地圖以來就是如此。都靈莎草紙文獻是現存最古老的地理圖（代表這張圖有標示出裸露的岩石等地質特徵類型與地點），每個細節意外地符合現代情況，不僅資訊豐富，也指出東尼羅河省（Eastern Nile）與紅海（the Red Sea）間東部沙漠（the Eastern Desert）中一座金礦的位置。我們因此知道採金礦的聚落彼・烏姆・法瓦希爾（Bir Umm Fawakhir，意思是陶藝之母的水井〔Well of the Mother of Pottery〕）有四棟房子、一間阿蒙神（Amun）的神廟、一座塞提一世（King Sety I）雕像、一座貯水池和一口井，甚至指出那座山谷裡滿是無葉檉柳。[13]

埃及的黃金大多來自東非，相當於今日埃及南部與蘇丹北部的努比亞（努比亞的命名出現於歷史晚期，可能源自於埃及文 nub，「黃金」之意，但更有可能是源自西元 300 年左右定居當地的諾

貝提民族〔Nobatae〕。）由於古努比亞主要的經濟活動是開採金礦，所以王公貴族會將未經過加工的純金塊穿洞，戴在身上作為首飾，這就等於把當地產黃金的事實昭告天下。[14] 努比亞一千多年的歷史不僅與北方比鄰的埃及相互交織，還密不可分呢。我們對於努比亞歷史的認識，大多是透過埃及的相關資料而來。埃及和努比亞數百年來的交易、戰爭頻繁，也會進行各種外交活動，王公貴族間相互通婚；努比亞甚至有幾個王朝，在埃及中王國時期（Middle Kingdom）統治過埃及全境。

尼羅河南部的支流在進入埃及廣大又肥沃的氾濫平原前，匯流於喀土穆（Khartoum）；亞斯文（Aswan）則以險惡的沙漠風暴和努比亞花崗岩聞名；這兩地之間的六大急流，或所謂的大瀑布，形成了努比亞的國界。這塊土地曾孕育出強大的王國，也與大家更熟悉的埃及王國有過交流。克馬王國（Kerma Kingdom）大致與埃及中王國時期對應，古實王國（Kush Kingdom）則曾被新王國時期的埃及殖民，於新王國瓦解後獨立，更在西元前第八世紀征服埃及，建立第二十五王朝。西元前 656 年，古實王朝遭到驅逐，統治者往南撤退，古實王國後期依據第二個首都麥羅埃（Meroë）來命名，稱作麥羅埃王國（Kingdom of Meroë 或 the Meroitic Kingdom）。

古埃及的宗教信仰認為，黃金這種金屬與太陽有關，神聖且堅不可摧，並認為神的皮膚是金色的。但埃及人沒有以黃金當錢幣使用，因此雖然西元前 2700 年出現跟錢幣相似的黃金製品，卻是作為贈禮使用，而非作為貨幣。黃金因為能被當作陪葬品等儀式與宗教用品，而受到法老重視，圖坦卡門（Tutankhamun）的純金棺材就

▋西元前 700 ～ 500 年，上面懸掛著線圈的努比亞金塊。（參第 25 頁）

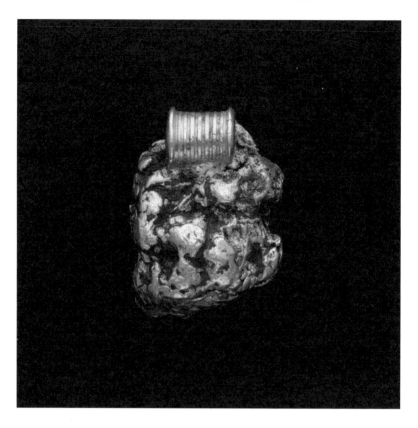

是最著名的例子。

埃及自古王國時期（約西元前 2685 ～ 2150 年）建立新興的強大集權國家起，就希冀能得到努比亞的貨品，特別是黃金，以及象牙和用來製作雕像的貝罕石（bekhenstone）。他為了取得黃金而出兵侵略，在那之後的一千年間，努比亞的黃金控制權基本上都掌握

在埃及的統治者手裡，僅偶爾遇到中間時期（Intermediate Periods）等埃及中央權力渙散期間，趁機奪回努比亞的一些區域，甚至征服埃及。約到了西元前 800 年（即由古實人創立的第五王朝初期），努比亞的金礦業衰退，或許是因為當時的技術已到了極限，無法從礦坑中再開採出更多黃金。在托勒密（Ptolemaic）的統治時期，從希臘引進新採礦技術；無奈，這時頻遭游牧民族攻擊，無法尋覓新的金礦場，且在西元 700 年左右遭到穆斯林占領，雖然在那之後多次進行砂礦開採，最終仍於西元 1350 年劃下句點。

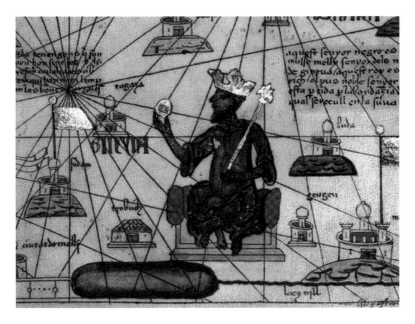

▌ 《加泰隆尼亞地圖》裡馬里帝國的曼薩・穆薩王，由繪圖師亞伯拉罕・柯雷斯克（Abraham Cresques）於 1375 年在羊毛紙上，用油墨、顏料、金和銀所繪。

中古世紀歐洲與非洲並無直接的貿易關係，中東的穆斯林成為中介，當時大部分黃金已進入歐洲，而北非摩爾人（the Moors）靠著強大的武力，迫使那些想要得到非洲貨物的歐洲人，必須乖乖遵守既定的貿易規則。歐洲人聽到商人謠傳他們從阿拉伯人手中買來的黃金，來自於西尼羅河南部的一個黑人民族。但即使是北非的伊斯蘭統治者，仍舊無法清楚了解黃金的確切產地，就連西元第十世紀的比魯尼（al-Biruni）、第十二世紀的伊德里西（al-Idrisi）及第十三世紀的伊本・薩伊德（Ibn Said）等著名的阿拉伯地理學家，在繪製尼羅河以南的土地時，也僅以留白表示。[15]

最後，謠傳越傳越具體。1375 年為法王查理五世繪製的《加泰隆尼亞地圖》（the Catalan Atlas）裡，畫了馬里帝國（Mali）的曼薩・穆薩王（Mansa Musa），手裡拿著一塊巨大的金塊，並形容他「因王國境內開採出的豐富黃金，而躍升為當地最富有與最高貴的領主。」穆薩王於 1324 年到麥加朝聖時，更成為世人眾所矚目的焦點。據說他帶了一大群隨從，包含 500 名奴隸，每人都帶一支 1.8 公斤（四磅）的黃金杖，更聽說他慷慨地發放金粉，使埃及史學家馬克里齊（al-Maqrizi）斷定此舉導致往後十二年的金幣貶值。

非洲的黃金傳說引起不少歐洲人的興趣，葡萄牙航海家恩里克王子（Prince Henry the Navigator of Portugal，1394 ～ 1460 年）即為其中之一。開啟大航海時代（Age of Exploration）的恩里克，與當時許多的皇親國戚一樣揮金如土，而且欠債累累。史學家 P. E. 羅素（P. E. Russell）認為，這是因為他不想在同一個圈子裡的孛艮地（Burgundians）或卡斯提亞家族（Castillians）面前抬不起頭，然礙

於歐洲黃金短缺、惡性通膨肆虐、葡萄種植採收人力短缺，以及長久以來的國泰民安使他們無法靠戰爭名利雙收……，種種因素都使葡萄牙的貴族很難再過著心中想要的奢華生活。恩里克供養一大家子的騎士、護衛和其他攀龍附鳳的食客，幾乎一生都處於負債狀態。他手下一名將領迪奧戈‧戈梅斯（Diogo Gomes）曾說，恩里克冀望能靠非洲的黃金「供養一家的貴族」。[16]

　　恩里克於 1415 年占領了直布羅陀（Gibraltar）對面的休達（Ceuta），其後數十年來，葡萄牙在他的帶領下到西非探查並建立殖民地，自此阿拉伯人不再壟斷歐洲與非洲之間的貿易，葡萄牙也一度躍居世界首富，商人將一船又一船的金粉運回里斯本（Lisbon），直到 1470 年代初期為止。1482 年更在當地建立一個殖民地，後稱黃金海岸（Gold Coast），位於今日迦納（Ghana）境內。

　　非洲的黃金海岸地區名符其實，可以挖出豐富的黃金。中古世紀時，穆斯林商人會帶著羊毛、鹽、玻璃、黃銅、鋼及其他貨物，來這裡換取奴隸和黃金。安達魯西亞（Andalusia）的地理學家阿布‧烏貝德‧巴克里（Abu Ubayd al-Bakri）在西元第十一世紀來到迦納王國時，形容他們的國王「全身戴滿首飾和頭飾」，坐在「大帳篷裡，周圍有馬環繞，馬的身上披著金馬衣，寶座後方站立十個侍童，手上拿著刀劍和盾牌的侍童，刀柄是黃金製。」[17]

　　葡萄牙人自以為即將發現金礦場，所以將要塞命名為金礦聖喬治堡（São Jorge da Mina de Ouro，英文稱為 St. George of the Gold Mine）。後來證明這種命名並不能保證什麼，因為他們興建堡壘的海岸附近根本沒有金礦，還好也並非徒勞無功，因為葡萄牙人把堡

壘當作購買黃金的前哨，加上確實有大量的非洲黃金從這裡流進葡萄牙的國庫。後來甚至找到更多有利可圖的財源，發現新世界有許多的殖民地適合種植甘蔗，只是欠缺廉價農工。於是，他們在非洲建立據點，方便自己採用殘忍的方式來解決這個問題。恩里克傳記的作者羅素說道：「他們很快就發現奴隸這種黑金（black gold），才是蓋亞那最令人垂涎的貨物。」[18]

湯瑪斯・摩爾（Thomas More）所著的《烏托邦》（*Utopia*，1516 年），形容貪婪與重商主義隨著美洲和非洲黃金的傳入而大肆橫行，根據他的敘述，家家都有兩名奴隸，而且以黃金鎖鏈捆住。希羅多德（Herodotus）曾於他的著作《歷史》（*Histories*）中提及，衣索比亞（Ethiopia）的黃金多到他們會用黃金腳鐐來銬住奴隸，這是因為湯瑪斯・摩爾對希羅多德很熟悉？[19] 還是他預知到普魯士王會在兩百年後，以一些代價將位於現今迦納的這個殖民地賣給荷蘭，其中就包含六名用黃金鏈住的奴隸呢？

黃金有什麼特別？

黃金長久以來如此深得人心，是基於什麼固有的特性呢？為什麼我們長途跋涉、費盡千辛萬苦，就僅是為了把它弄到手呢？金元素具備特有的原子屬性，原子序是 79，天然存在同位素有 79 個質子、79 個電子和 118 個中子，屬於穩定同位素。在元素週期表中將它與過渡元素歸為同一類，化學符號為 Au，源自意指黃金的拉丁語 aurum。金以金屬鍵與其他原子鍵結，這點有助於說明黃金的許多

特性。我們常用電子海（sea of electrons）的概念來描述金屬鏈的原理，根據這種模式所示，金的陽離子（由原子核及其內部電子環所形成，是帶有正電的離子）在晶體結構中鏈結，使其餘的電子脫離特定原子，變成游離電子，在其餘電子的「海」裡「自由移動」。由於電子會吸引很多周圍的原子核，所以分子結構穩固，據信這種鏈結是使黃金具有延展性的原因。大量電子四處移動，使黃金導電性高，而過渡金屬的電子海裡另有其他電子，形成高熔點的特性。由於電子海分布密集又四處移動，所以黃金會在光線反射時呈現出特殊光澤。另外，黃金鏈結性高，原子之間的鏈結不會輕易斷裂，而與其他元素產生反應，因此穩定性極高，這也是黃金不會褪色的原因。

　　黃金的顏色與愛因斯坦（Albert Einstein）的相對論有關，若不與銀比較，單看外觀黃金應該與白銀相似，閃閃發亮卻相對無色。但金原子核裡的 79 個質子（與有 47 個質子的銀相反）。由於吸引力相對較大，因此金的電子移動速度必須比銀更快，才能抵擋原子核的拉力，使其保持在軌道上，因此達到的速度甚至超過光速的一半；此外，更因速度太快導致軌域（電子繞著原子核移動的路線）變形，形成科學家所謂的「相對論效應」（relativistic effects）。原本應該吸收紫外光線（不可見光）的電子，縮減了速度以吸收藍光（可見光），且反射出其餘顏色的光，使黃金產生出金黃的顏色。

　　黃金與其他礦物形成合金時，雖然也會產生些微的顏色差異，但仍是純金的特色；珠寶商所謂的「24 克拉金」的純金，就一定是閃閃發亮的金黃色。我們會用總數合計 24「克拉」（carats）的

單位，來敘述黃金在合金裡的重量比例。18 克拉金就是含有 3/4 的金（18/24），「克拉」及其異體字原為阿拉伯文 qīrā.t（طاريق），後來發展成歐洲語言，而 qīrā.t 的字源是指小角的希臘文 kerátion（κεράτιου），就是用來當作重量單位的角豆種子。

但這些都沒有真正回答到問題，就是黃金到底有什麼特別？我們知道黃金很漂亮、會閃閃發光，是因其金屬特性而適合用作為裝飾。之所以使人覺得純淨高潔和完美無瑕，或許是因為黃金從不生鏽或褪色，彷彿永不腐朽。從手工藝方面來說，黃金最薄可至 1/282,000 英吋，也能變成極細的金線，因此延展性長久以來備受推崇。但正如我們一開始所說，延展性佳也代表這種金屬太軟、太容易改變形狀，因此無法用來製作成工具。即使用來鑄幣，也必須使用含有其他堅硬耐用金屬的合金。這種明明毫無用處卻價值高昂的金屬，自古以來（至少在觀看者的眼中）似乎都具有某種超越這個物質世界的特質。

本書不是一部黃金通史，而是要探討黃金在歷史沿革和人類的想像當中，究竟扮演了哪些角色。事實上，黃金這種金屬扮演了相當多元的角色，因此很難用某種眼光去理解。我們將在書中逐一抽絲剝繭，深入研究人類渴求黃金的歷史。這本書會依據黃金的各式用途、黃金激發及形成的幾個可探尋領域，將本書內容分成以下六章，了解人們如何用黃金來裝飾打扮、蘊含哪些宗教意義、如何變成錢幣、有哪些相關科學知識、如何化作藝術，又有哪些傳說中與現實中的危險。

下一章，我們將探討黃金在裝飾打扮方面的用途。即使今日開

採黃金的方式已與以往不同，用途卻與古時無異，仍舊會把這種亮晶晶的金屬穿在身上、戴在身上。

第 1 章 —— 黃金飾物

　　1972 年 10 月，睿丘・馬利諾（Raycho Marinov）在保加利亞東部的瓦爾納鎮外，用拖拉機挖掘管線溝渠時，找到了一些不尋常的金屬物，於是偷偷拿了幾個藏在鞋盒裡一個禮拜。放假時他拿給以前的歷史老師查看，在刷去覆蓋於表面的塵土之後，發現原來這些都是純金製作的文物。

　　這在所有意外找到「藏寶」的故事當中，是最高潮迭起的一次。2014 年發生一件令人印象深刻的故事，加州一對夫婦在自家後院散步時，偶然發現 1890 年代的錢幣，總值 1000 萬元。到了 1990 年，爪哇島的工人在挖灌溉溝渠時，發現三個裝有數千個金器、銀器的陶罐，那裡疑似是西元第十世紀埋在火山灰底下的王室藏寶房（這裡也曾發現爪哇貨幣制度中最古老的證據。[20]）在 1992 年時，英格蘭沙福郡（Suffolk）一名農人四處尋覓遺失的鐵鏈，卻意外地找到這輩子最大的驚喜：他用金屬探測器發現一個木製的寶箱，裡面裝滿羅馬時代的金幣、銀幣和首飾，似乎是英國在羅馬帝國於西元第四世紀滅亡後，遭到盎格魯薩克遜人首次侵入時埋藏起來的。

　　這些發現雖然不容小覷，但馬利諾發現的東西卻比羅馬寶藏早了五千年。他偶然發現的其實是銅石器時代的古墓地，後來稱為瓦爾納古墓（Varna Necropolis），其中最古老的墓穴約建於西元前

約西元前 4600 年保加利亞瓦爾納古墓的其中一座墳墓，裡面有全世界至今發現最古老的黃金飾品。

4600 年。[21] 儘管其他遺址也曾發現可能產於安納托力亞（Anatolia，即今日的土耳其）、年代相近的金器，但瓦爾納古墓擁有的或許才是最大宗和混雜的金銀財寶。這些不僅是人類最早製作出來的金器，也證明人類會用黃金來打扮，亦即死後佩戴的最早證據。

瓦爾納古墓裡最古老的墓群（以常見的陪葬陶器及其他手工藝品的類型來判定），保存了可縫到衣服上或直接佩戴到身上的鍛造金飾品，包含護胸、臂章、戒指、耳環、串珠、戴在前額的帶狀頭飾、外衣上的縫飾，以及各種不同造型的身體飾品，上面有幾何、人物（一般具有動物形象，代表動物化身）等圖案裝飾。那些黃金不是從地底開採來的，反而比較可能來自當地的表土礦床以及河床的泥土和礫石，並以雕刻（利用尖銳的工具進行割線的動作）和浮雕（repoussé，從片狀黃金的背面鍛錘來形成浮雕裝飾）的方式來製作。

黃金用途多元，其中以鑄幣與裝飾最為重要且歷久不衰。無論是瓦爾納或其他遺址的考古紀錄，都顯示出人類最早用黃金來裝飾打扮，而這也一直是後來最廣泛的用途之一。全世界現在開採的黃金平均用於首飾和金融投資兩類，另有百分之十用於牙科等產業。[22]世界各地的人從古至今都會以金飾來打扮，包含王冠、耳環、鼻環、帶狀頭飾、其他面飾、項鍊、手鍊、臂章、護胸和戒指等。美洲各族的原住民在歐洲人到達之前，主要是將黃金用於裝飾，儘管有唾手可得的豐富黃金，也未曾用於鑄幣上。很多文化應該都認為黃金與其他金屬、雲母、水晶、寶玉等會發光的眾多材料一樣，會使人聯想到光、太陽與神。人會佩戴黃金，或許代表他們相信金屬能夠

護身，亦即能夠保護或修飾身體，使身體看起來更誘人或動人，這與他們相信用金器飲食就絕對不會遭到毒害是同一樣道理。當然，在以黃金作為貨幣的制度底下，炫耀就帶有其他意義。黃金在當代文化裡的「金光閃閃」，本身就超出原本在嘻哈文化裡的意義，作為炫富之用。但從歷史上來看，配戴黃金首飾並非僅是用來炫耀，而是表現出對於身體方面的重視，無論是王公貴族配戴的金飾或在電影中用到的金蔥（gold lamé），都代表人後來開始以黃金包覆全身，散發一種來世的氣息。

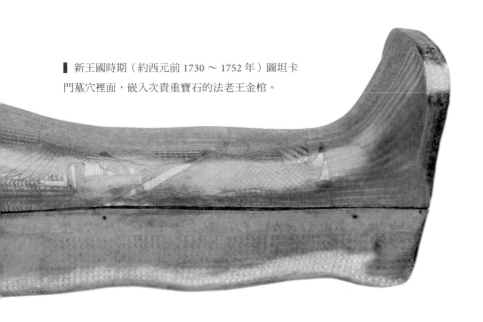

新王國時期（約西元前 1730～1752 年）圖坦卡門墓穴裡面，嵌入次貴重寶石的法老王金棺。

亡者配戴的金飾

從瓦爾納出土的文物來看，當時的人無論在世或過世，應該都會配戴金飾。但由於當時並未留下任何文字紀錄，所以很難根據古墓透露出的訊息，去了解此人生前是否會佩戴黃金，只能知道某些特定身分的人死後會用黃金裝飾。學者相信，有些墓中藏大量黃金，有些則無，這反映了此人生前的身分貴賤。[23] 因此瓦爾納出土的黃金，可以顯示出早期根據性別與階層所發展出的社會階級情形。在瓦爾納「男性菁英」長者的陪葬品當中，除了有不少其他黃金飾物之外，還有一根黃金製的陰莖；但在其他人的墓裡，唯一的金飾可能只是一對金耳環、一只戒指或護身符，再搭配其他的石器和陶罐，

²⁴ 而且男女遺體下葬的姿勢似乎也會因社會地位的不同而異。大多數人只有簡單幾件陪葬品，然而最豪奢的「墳墓」絕非人的墳墓，而是金飾人偶的象徵墓穴。我們很難斷定這些人偶的社會地位，即便能假設：上面裝飾的黃金越多，身分地位越高，但實際透露的資訊並不多。在首次用於裝飾打扮時，黃金應該還無法明顯地代表身分地位，兩者之間的關聯應該是隨著時間發展而來的。至於黃金製作產業的出現，則是在人開始追求用黃金來顯示地位之前或之後，目前仍舊不清楚。黃金在貨幣制度裡代表不容質疑的價值，但我們應保持小心謹慎，別以這種價值觀來看當時的文化。

若這樣的話，為什麼當時會讓某些亡者佩戴黃金，有些又沒有呢？為亡者穿上黃金「皮膚」，後來變成東地中海周圍常見的習俗（瓦爾納文化又稱「古梅尼塔」〔Gumelnita〕，它位於黑海，當地曾發現一些東地中海地區的貝殼與手工藝品，證明了瓦爾納與其他東地中海文化之間存在著貿易關係。）法老時代的埃及將黃金視同眾神的皮膚，尤其是太陽神「拉」（Ra）的皮膚。埃及人相信法老王就是神，曾有記載形容法老王是「照耀全地的金山」。²⁵ 王室的木乃伊都會戴上黃金面具，也會放上手鍊、護胸、涼鞋、裝飾用武器及其劍鞘作為裝飾，確保他們能夠永恆不朽。在圖坦卡門奢華的墓穴裡，能看到法老王的遺體被放入純金的棺材中。

希臘的邁錫尼（Mycenae）也曾發現西元前 2000 年陪葬的黃金面具，相當令人讚嘆，其中以德國著名的業餘考古學家海因里希‧施利曼（Heinrich Schliemann）所挖出的「阿伽門農黃金面具」（Mask of Agamemnon）最為驚人。但由於他的方法與主張常引人疑竇，所

▌約西元前 1550～1500 年（？），黃金經錘打鍛造製成的阿伽門農面具。

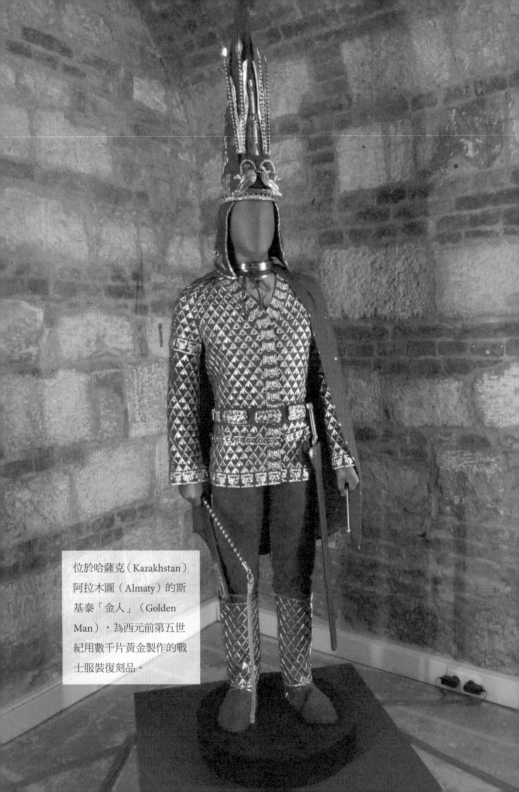

位於哈薩克（Kazakhstan）
阿拉木圖（Almaty）的斯
基泰「金人」（Golden
Man），為西元前第五世
紀用數千片黃金製作的戰
士服裝復刻品。

以這件代表性的黃金文物，或許只是偽造的贗品。[26] 施利曼為面具的命名絕對有誤（如他聲稱發現普利阿莫寶藏〔Priam's Treasure〕的地點，其實不一定真的是特洛伊），雖然當地出土的黃金面具確實是真品，但陪葬金器的量並不大。用黃金陪葬雖是定居文化常見的墓葬方式，但游牧部落亦有這種習俗。就在西元前第四或第五世紀時，有個稱作「金人」（Golden Man）的斯基泰（Scythian）貴族，葬於今天的哈薩克（Kazakhstan）東南部，他身上穿的衣服幾乎整套用黃金打造的。根據耶穌會宣教士培納貝‧柯波（Bernabé Cobo）的調查，印加人會「把金銀放入亡者的嘴裡、手裡、懷裡或其他地方。」[27] 用黃金陪葬暗示人在來世比活著的時候更需要黃金，或暗指黃金用在儀式的價值遠高於經濟價值，抑或兩種皆有可能。從這方面來說，中世紀的法國同時含有這兩種觀念，當德高望重的人過世之後，人們會象徵性地為他蓋上一件金布，再把衣服留給後人；也因為如此，由於君王死後都葬在聖丹尼斯教堂（St. Denis Church），所以抬棺人和修道士總是為了亡者身上蓋的金布激烈地爭論不休，雙方都認為金布應該屬於自己。[28]

如前所述，瓦爾納遺址其中一個關鍵的特色，就是埋葬土人偶或石像，而非真人遺體的「象徵墓穴」。許多人偶身上的金布都比包裹真人遺體的更仔細、更華麗。我們無從得知墓穴裡埋葬的是否真有其人，這種習俗可能與蘇美人（Sumer）在《吉爾伽美什史詩》（Epic of Gilgamesh）中描述，吉爾伽美什（Gilgamesh）命人為故友恩奇杜（Enkidu）造人偶時，曾形容：「你的胸是青金岩，身體是黃金」的內容有關。[29] 這些例子透露出，黃金雖主要用於宗教，但

▌約西元 1500 年以脫蠟鑄造法製作的米斯提克護胸，圖案為畫阿茲特克神烏特庫特利（Xiuhtecuhtli）。

另一方面也能有效表明社會地位的尊榮體面。在下一章思考黃金在宗教界的用途前，先來探討黃金用在衣著與裝飾方面的情形。瓦爾納古墓使我們了解到，為亡者裝飾打扮是古代黃金用途的主要特色。

■ 西元前 400～370 年，上面有愛神阿芙蘿黛蒂（Aphrodite）與小愛神厄洛斯（Eros）凹雕的金戒。

活人配戴的金飾

遠古時代的人在世時會如何用黃金來裝扮呢？這又更難以判斷了。以前美洲人的生活中會用到許多黃金製的物品，但只有少數幾件經過大征服時代及餘波盪漾後，還能劫後餘生。這兩種文化的邂逅，同時也是兩種截然不同的黃金價值制度間的碰撞。美洲人眼中的黃金，既可用於裝飾，也象徵著社會與宗教價值，但熔化過後便不具原始經濟價值了；歐洲人的想法卻恰恰相反。前往美洲征服探險的人將金器帶回歐洲後，幾乎遲早將它送進熔爐。黃金會遭逢如此的命運，某部分是經濟強行發展所致，這也反映出歐洲人擔心他們眼中的異教崇拜會招致危險；他們之所以蓄意破壞當地文化記憶，也與這理由脫不了關係。然而，即

西元前第八～三世紀，由黃金和碧玉製作的腓尼基聖甲蟲印戒，上面有人坐在寶座上的圖案。

使大征服時代已經劃下了句點，人仍舊一再蔑視哥倫布時代以前的文物所具備的美感價值。到了十九世紀中，英格蘭銀行（the Bank of England）每年仍將價值數千英鎊的美洲古文明金器棄如敝屣。[30]

因此，雖然現在博物館（如波哥大的哥倫比亞中央銀行黃金博

物館〔Museo del Oro del Banco de la República〕）內展示的美洲古文明黃金，幾乎都是近年來墳墓出土的黃金，但並不代表活著的人不會佩戴黃金；不只西班牙人的記載清楚顯示出這點，更有文物本身可以證明：有幾件全美洲最精細的黃金飾物，就是出自當時受雇於阿茲特克人的米斯特克（Mixtec）工匠的巧手，他們精心製作的護胸、面具、頭飾、面飾及耳飾等物，禁得起人活動時產生的晃動。安德烈‧艾默里奇（André Emmerich）也曾說：「米斯特克的飾品……雖然十分精細講究，……卻也相當耐用。」[31]

現代人佩戴的黃金大多裝飾簡單，其中也包含戒指，特別是婚戒。婚禮中交換戒指的儀式似乎源自於古羅馬習俗，配戴戒指則具有更久遠的歷史。埃及的金匠與美索不達米亞的蘇美文化（即今日的伊朗）在西元前 3000 年，就已發展出複雜的鍛燒（加熱金屬來強化鍛造時的延展性）、製絲、焊接和鑄造技術，人在世與死後佩戴的戒指也是在這段期間成為金匠技藝的主要產品。

這些戒指具有功能性的價值，即使是自墓裡發現（而且大多不計其數），我們也能知道這些戒指不僅是於人死後才戴上裝飾的，因為無論從記載或實際物品的磨損來看，他們在世時確確實實都戴過這些指環。當時戒指主要是作為印鑑之用，相當於今日的「印戒」。最簡單的印鑑，是以一條又平又寬的環狀物作為造型，上面刻有圖案或文字，稱為「凹雕」（intaglio），再以封蠟或黏土作為印泥，在文件或其他物品上蓋章，以確立自己的正式身分。其他戒指則會雕上寶石（「寶石凹雕」）作為印鑑。這些戒指都是用來表明人的身分，對於經常需要在生活中與人訂定合約與交易的人而言

十二世紀製作，十六和十九世紀增修，珍藏於聖丹尼斯教堂的金馬刺，由金、銅、紅寶石、布製成。

▌1545 年英國學派（British School）（昔日歸為小漢斯·霍爾班〔Hans Holbein the Younger〕學派）帆布畫《金帛盛會》（*Field of the Cloth of Gold*）。

更是如此。然而，若是刻有某位神祇的凹雕，代表的可能是虔誠的信仰，或具有法力的護身符。人們有時會將寶石凹雕切割成聖甲蟲的形狀，圓圓的上半部表示隆起的部分和聖甲蟲的雙翅，再雕出平坦的背面，搭配可旋轉的設計。如此一來，若將它戴在身上，即使會接觸到身體，也不會露出印鑑或護身符的內容，轉開就能用黏土

或封蠟來蓋章。

　　各種金屬都能做成戒指，在古埃及、古希臘和古羅馬的社會裡，普遍會用戒指來確立個人身分，而且明顯偏好以黃金來製作；他們也會用黃金來製作護身符（例如，在薄的金片上刻上咒語後捲起來放入某個容器內）。護身符戒指常與愛情和生育有關，影射戒指從羅馬時代發展出來，並逐漸結合金戒文化象徵意義的主要功用，亦即在結婚時所扮演的角色。

　　婚禮包含交換戒指的儀式，似乎是從羅馬的訂婚習俗發展而來；後來到了中古世紀，不只訂婚時要贈送戒指，婚禮中也出現這種習慣。老普林尼曾於西元第一世紀時，對於以金戒取代樸實的鐵環，成為結婚誓約的信物表示不滿，並誇張地形容「把黃金套在自己的手上，是人類史上最嚴重的罪行。」[32] 他認為這不必

要的奢侈品象徵羅馬帝國本身的墮落（在他一百年後，基督教作家特土良〔Tertullian〕轉而抱怨說，他那時代的飾品實在太過奢侈了，不像以前女人唯一知道的黃金只有婚戒。[33]）

　　今天我們一般認為，結婚基本上是兩個伴侶締結的永恆羈絆，且兩人基本上都是平等與相愛的。但這觀點並非近代才出現，雖然比較典型的觀念是，結婚是兩個家族為了結盟而進行財富分配，但其實兩種概念並存已久。在現代以前的西歐都還抱持後者的觀念，

▌十四世紀紫絲布金線刺繡《塞薩洛尼基墓誌銘》（*Thessaloniki Epitaph*）卸下聖體。由奢華的聖壇布可以證明，拜占庭取得這項技術的數百年後，依然展現出對於金線繡布的興趣。

認為新娘本來就是財產的一部分（當然，有人主張婚禮用到的戒指，基本上是代表把新娘綁到先生家的鏈子。）這並不意味著女人只是負責養兒育女的工具；有些羅馬的訂婚戒上會有鑰匙的圖案或形狀，暗示新娘未來要保護先生的家與財產。因此，金戒跨越了把婚姻視

為束縛個人與理財安排的鴻溝，轉而代表連結，一種兩人之間的協議（可能是源自於把戒指當作個人身分擔保這種更古老的功用），甚至是愛的表現。然而，這也證明婚禮中交換戒指的儀式蘊含著一種經濟功用，特別是在黃金極為稀有的情況下更是如此。

▌約 1520 年的盎格魯法蘭德斯學派（Anglo-Flemish School）金雀花王朝
（Plantagenet）愛德華四世肖像畫，作者不明。

金織布

　　金戒指與西元十五至十八世紀之間，歐洲近代王公貴族所配戴的華麗飾品相比，顯得低調許多。對他們而言，光彩奪目的排場是一種展示權力並建立聲望的方式（形似今日奧斯卡頒獎典禮的紅地毯）。在電視出現之前，書本印刷數量不會超過 5000 本，傳單與廣告單可能也不多，因此統治者會親自向臣民展現他們的領導權威。王室成員無論是參加加冕典禮和結婚典禮，或是親臨城鎮「進場」時，身邊總有成堆的貴族、僕人和臣民隨行，當中不少人都會在這時穿得金光閃閃（只有這時才能這麼穿）。文藝復興時代的法國國王受膏時（sacre，加冕典禮中會用油膏抹的宗教儀式）會穿上金馬刺，目前已成為聖丹尼斯皇家教堂的珍藏。其實並非只有歐洲王室會如此奢華地穿金戴銀，但唯有他們有將當時的情形記載地特別詳細。許多出版的書都有提到那些活動，並針對各個階層與職業的服裝差異詳加說明（與奧斯卡獎頒獎典禮的報導有些相似），來凸顯那些細微差異有多麼重要，至少那些書的作者心裡是這麼想的；因為我們不知道那些差異在當時一般讀者的眼裡有多麼簡明易懂。

　　但當時貴族穿上金織衣的用意，確實是為了彰顯他們與平民之間的差別。卡斯提亞十三世紀的法典《七法全書》（*Siete Partidas*），特別具體提出統治者應穿上金織衣的理由。根據書中的解釋，豪華的衣著可以立即突顯衣服主人的地位與獨特，使臣民更容易承認統治者的地位。[34] 同樣地，由於當時沒有大眾媒體，所以統治者不一定能讓人熟悉他們的長相。有趣的是，觀察新世界（特別

是巴拿馬人）的酋長時，發現那些地方有個習俗，酋長——的貢薩
洛·費爾南德斯·德·奧維耶多，也是西班牙人，和重要人物為了
讓同胞和敵人認識他們，上戰場時會把金飾戴在頭、胸或手臂上 [35]。
黃金的璀璨奪目不僅表明出一種不同，還能建構酋長或統治者的某
種神聖地位。我們不難假設：黃金在早期文明社會裡，可能具有這
種作用（例如：黃金與埃及法老王兩相結合，可以表現出兩者的神
聖地位），但看似信奉一神的歐洲竟然也是如此，就難免令人訝異。
然而，近代歐洲異教古老傳統的復甦，似乎也為王室神話提供新的
素材，例如：有本十七世紀探討王室婚姻的法國專書，就曾不經意
地稱法國的國王與王后為「半神」（demigods）。[36]

　　1520 年，英王亨利八世（Henry VIII）在加萊（Calais）野外
的儀式上與法王法蘭西斯一世（Francis I）會面時，穿得金光閃閃
的，因此被人戲稱這是一場「金帛盛會」（the Field of the Cloth of

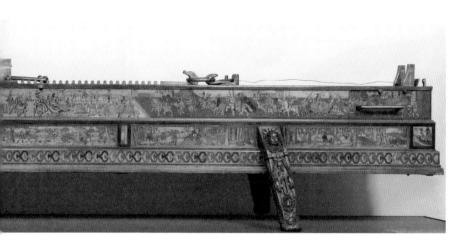

▌里昂哈德・丹納（Leonhard Danner，1497～1585年）約1565年於德勒斯登
（Dresden）為薩克森國王奧古斯都大帝（August the Great, Elector of Saxony，
1526～1586年），以木刻和鑲嵌製作的金匠工作檯。

Gold）。他們用金織布覆蓋帳篷的棚頂，英王、法王及其隨從身穿
金織衣，戴著金鍊和金腰帶，為坐騎披上金色亮片、流蘇和鈴鐺。[37]
為了增加排場，甚至暫時允許低階貴族穿上比平時更為華麗的衣服。
平時無力自費治裝，只能穿制服的低階僕人，也會在這時穿上金織
衣，使王室名流更顯得富麗堂皇。

　　雖然法國的城市杜爾（Tours）在十六世紀初已生產金織布，
但這方面最著名的歐洲城市，應屬十字軍東征後興起的義大利絲綢
生產中心──盧卡（Lucca）、威尼斯、佛羅倫斯和米蘭，他們用黃
金纏繞絲線，生產出可用來製作金織布的金線。儘管歐洲當時生產
絲綢已有近千年的歷史，卻仍被視為中國的舶來品，尤其是普通絲

保羅‧普瓦烈於 1922 年以金、絲縫製的禮服 Irudée。

綢和金織布，仍帶有璀璨東方的光環；歐洲製作金織布仍會以波斯與中國為師，模仿其圖案設計。由於歐洲人很難分辨不同「東方」之間的差異，有幾種織布會以代表中東產地的名字來命名，例如以 damask 代表大馬士革（Damascus）的，或以 baldaquin 代表巴格達（Baghdad）的。

　　金織布傳入歐洲的傳說，涉及了一些陰謀論。首先我們應指出，雖然黃金在中國的價值不菲，地位卻不似在歐洲那般特殊，儘管珍貴，卻不如玉與青銅那樣受到珍視。古代地中海地區的人會為亡者穿上金壽衣，但漢朝皇帝死後穿的卻是玉衣，雖然玉衣也是用金線織的！他們將黃金捶成金箔，再一層一層地纏上絲線芯製成金線，有時會用這種金箔來裝飾木器、青銅器和陶器。金線除了可用來縫製壽衣之外，也用於刺繡及編織金線絲綢（亦即以絲線和金線混織的布料）。西元前第二世紀以降，絲綢和金線等中國的商品經絲路貿易進入西亞、亞歷山卓城（Alexandria）和敘利亞，波斯的薩珊王朝（Sassanid Persia）更是以彩色的金織絲著名。[38]

　　中國絲綢紡織業者小心翼翼看守自己的養蠶知識，以維持他們在絲綢及生產技術方面的壟斷地位，金線只是其中一小部分而已。要紡絲線前，必須先有絲蠶和桑樹，因此西元第六世紀之前的歐洲不僅欠缺必需原料，更以為絲綢是來自印度，而非中國。直到羅馬帝國國道衰落，位於貿易路線中樞位置的薩珊王國大秀軍事實力，才促使歐洲開發當地的蠶絲農業。與此同時，位於東羅馬首都君士坦丁堡（Constantinople）的帝國紡織廠，也越來越難取得絲的原料，而無法滿足當地及西方人民的需求。這時有兩名拜占庭（Byzantine）

修士，也可能是波斯的基督教徒前往中國，設法在那裡考察絲蠶的養殖過程。根據拜占庭編年史家普羅科匹厄斯（Procopius）的記載，他們將這項發現向查士丁尼一世（Justinian I）彙報，並獲得他的資助，再次前往中國。[39] 他們千方百計從中國偷渡一些發展絲綢業的材料，成功地讓絲蠶幼蟲和小株的桑樹盆栽熬過回程的漫漫長路。

國營的工作坊不僅能供應他們國家的君王與教會高階神職人員，還能滿足繼任羅馬帝國的西歐民族，使金織布業與金線刺繡在拜占庭帝國蓬勃發展，此外，亦盛行於波斯、巴格達及伊斯蘭統治的伊比利半島。伊斯蘭世界除了有包金的絲線和素色的金細絲外，也採以鍍金的皮紙（細條羊皮）包著羊毛，製作出另一種紡織用的金紗線。伊斯蘭獨有的金錦緞圖案後來在信仰基督教的歐洲盛行一時，並出現在不少中古世紀後期的宗教畫作中，第 58 頁十六世紀愛德華四世（Edward IV）肖像畫即是其中一例。

十二世紀的歐洲金匠為了滿足奢華服飾的需求，精進了銀線鍍金的製程，只要用鍍金的銀線就能大量生產「金織衣」。後來更發明了一種拉絲技術，做出薄到能用在紡織品的金線。十六世紀用來拉絲的 banc d'orfèvre'，又稱「金匠的工作檯」（圖片參本書第 60 ~ 61 頁），本身就是一件奢侈的物品，目前世上僅存一台。工作檯 4.4 公尺（14.4 英呎）的長度，恰好證明它確實能夠把原本就粗短的金細絲拉得相當細長。

原本這些發展使歐洲王室得以更加大肆地展現他們的奢華氣派，也使中低階層的人有機會穿上奢華的服飾，卻被現今所謂「反奢侈法」的法律限制住，禁止大肆揮霍奢侈品。金織布連同銀織布、

絲綢和其他製作衣服的布料）的相關規則條例，就是中古世紀奢侈法的重點。這部限制個人炫富的法律於十三世紀開始施行，數年後形成一套嚴格且按階層仔細審查服裝的制度。舉例來說，十七世紀的法國法律，就規定天鵝絨外套邊緣的刺繡不得超過一根手指的寬度，同時禁止使用金鈕扣及在轎式馬車上鍍金。[40] 由於「反奢侈法」常擺出一副捍衛世界道德秩序的嘴臉，所以史學家常對這些主張冷嘲熱諷，認為那不過是封建社會用來維持社會地位差異的策略罷了。但其實歐洲「反奢侈法」的黃金時期並非「封建」的中古世紀，而是近代，當時的階層有時已不是依據現實經濟狀況來區分。就政策層面來說，如果消費的分級是按收入劃分，我們就會知道，「反奢侈法」其實是為了要讓王室隨時都能向臣民索取現款而制定，尤其是為了支應所費不貲的戰爭支出而向較為闊綽的臣民徵稅；有些法則會特別保護當地產業不受外來勢力入侵。一般來說，這些法律都能隨著社會流動，尤其是隨著都市化而加劇的匿名性情形來調整。反奢侈法規定了加強各個不同階層、性別與職業的服裝外觀辨識度，法律也規定猶太人、貧民和外籍人士必須配戴特殊的識別徽章，並劃分出婦女的不同身分（適婚、已婚、寡婦或妓女）。

然而，反奢侈法似乎鮮少真正發揮形式上的作用，反而普遍遭到漠視；事實上，頒布這些法律可能是在告訴社會「低」階層的人，他們該有什麼樣的物質欲望；如此一來反而刺激了消費，讓人懂得如何漠視這些規定。[41] 米歇爾‧德‧蒙田（Michel de Montaigne）也認為，這套法律只是「為了規定王公貴族應該吃比目魚、穿天鵝絨或金蕾絲的衣服，卻禁止人民這麼做，如此一來除了讓錦衣玉食者

更水漲船高，且興起群眾渴望，教導講究吃穿之外，還能產生什麼作用呢？」 [42] 事實上，這些法律可能不僅是為了被打破而制定，背後或許還另有支持豪奢產業發展等更憤世嫉俗的目標。

國王為了金帛盛會這種特殊場合破例，決定暫時不實施一般的反奢侈法；為了顧及整體的王室排場，甚至會接受並鼓勵禁止其他時候的炫富行為。當時所有的朝臣為了爭相穿上最絢麗的服裝而宣告破產，這種現象引來當代時事評論家的批判，但他們話中那些響應反奢侈法的批判，其實並非針對那些試圖擠入上流社會的人，而是針對整個社會及其價值體制。舉例來說，編年史家馬丁・杜・貝雷（Martin du Bellay）就指控說，參加的人「背上背的是自己的森

▌《埃及豔后》（1963 年）裡的伊莉莎白・泰勒。

▌《星際大戰》裡的 C-3PO。

林、磨坊和農田」，[43] 即他們濫用了自己的財產，以及相當於實際
財富的相關天然資源。羅徹斯特（Rochester）的若望・費雪（John
Fisher）主教曾在講道中指出，所有美麗時髦的東西不僅世俗，更是
粗鄙之物，例如：絲綢的原料是蟲的內臟，染料則是用極為低賤的
生物做出來的，而黃金更不過只是泥土。[44]

其他領域

自人類使用黃金以來，利用鍍金的技術將各種物品「穿上」金
色，就是金匠掌握的重要技巧之一。黃金經過鍾打、鍛造，會變成
可用來鍍金的薄片，因此很適合用作表面裝飾。很多文化的金屬工

匠都會在銀器上鍍金（成品稱為鍍金銀器〔silver-gilt〕）；中國金匠則是把木器、石器、陶器和青銅器等都鍍上黃金。如上所述，鍍金的銀線是歐洲文藝復興時期金織布生產的重要發展，把黃金鍍上其他材料的表面，使人無論是製作實用物品、首飾或紡織品，都能以更經濟實惠的方式來利用這種貴金屬。然而，鍍金也引發一些和上述言論相異的道德說法，例如：「把百合花塗上金色」（gilding the lily）暗示多此一舉，甚至侮辱了自然美；十九世紀末美國新創的「鍍金時代」（Gilded Age）一詞，即暗示外在的金碧輝煌，只是鍍上薄薄的黃金外層，而掩飾貧富差距日漸加劇、都市貧民窟不斷擴大、合法種族歧視愈加穩固及其他社會問題。因此當這概念促使後來范伯倫（Thorstein Veblen）在《有閒階級論》（*The Theory of the Leisure Class*）中提出消費批判理論，就不令人感到意外了。對於文藝復興時期的國王而言，穿戴黃金是為了顯示地位和榮華富貴，算是一種儲蓄，而非揮霍，因為他們隨時能把金飾和布料拿去熔化，從黃金本身的價值來獲利，這當中僅需付給工匠極低的薪資，換句話說，基本上就是犧牲勞動成本。范伯倫新創的「炫耀性消費」（conspicuous consumption）一詞，就是用來指稱華服一件換過一件的十九世紀新興權貴，卻媚稱華麗的手工衣裳是精緻藝術。

他們的作品也承襲了歐洲人早期黃金觀念中的東方主義（Orientalism）。舉例來說，高級時裝訂製設計師保羅‧普瓦烈（Paul Poiret）即是根據亞洲與中東的主題概念來設計金蔥宴會服。值得注意的是，他因此而在十九、二十世紀之交，主張女性可以捨棄束腹，展現筆直、寬鬆的身形，而此主張亦隨著 1920 年代出現的

飛來波（flapper）打扮而大為流行。與他同時代的福圖尼（Mariano Fortuny）則是因異國風格的金蔥設計而馳名。[45] 馬塞爾·普魯斯特（Marcel Proust）形容，福圖尼的禮服上「滿滿的阿拉伯紋飾，有如在威尼斯看蘇丹後宮女人躲在一面石牆後方般林立的宮殿，……這種設計如同貢多拉（gondola）搖槳前進，將大運河（the Grand Canal）的蔚藍色轉變成耀眼的金屬光澤，使整件禮服看起來有如柔軟可塑的黃金。」[46]

1930 年代的經濟大蕭條時期，好萊塢逐漸愛上這種可以散發十足魅力的金蔥禮服。《女人至上》（*The Women*，1939 年）中，藉由金色的中空晚禮服暗示：由瓊·克勞馥（Joan Crawfold）飾演的悍婦克麗絲托·愛倫（Crystal Allen）與人有一腿；克勞黛考爾白（Claudette Colbert）在 1939 年的電影《午夜》（*Midnight*）裡，飾演一名倒楣透頂的美國宣傳模特兒，就在巴黎陷入困境時，除了身上一襲金蔥禮服之外一無所有。瓊·克勞馥在電影《藝人與模特兒海外發展記》（*Artists and Models Abroad*，1938 年）裡，先是偽裝成厄運連連的遊客，後來再穿著一身美麗的金蔥禮服出現，揭露自己是美國繼承人的事實。諷刺的是，觀眾無法看出禮服是金色的。黑白電影之所以運用金蔥，是因為覺得這種材質能透過鏡頭表現，製造出飄垂和流水般的光澤，而觀眾除了透過想像力來體會奢華之外（畢竟他們均經歷過經濟大蕭條），也不能太過要求。接著到了 1940 年代，政府開始進行布料的限額，才使得電影公司和設計師捨棄這類昂貴的金屬布料。

戰後，黃金重新回歸，特藝彩色（Technicolor）的技術使金

蔥能顯示出獨有的黃金光澤。伊莉莎白·泰勒出演《埃及豔后》
（*Cleopatra*，1963 年）時，藉由身上穿的黃金衣，表現出魅惑的魔
力和異國情調。那件禮服是用 24 克拉的金線所縫製的，製作成本高
達 13 萬美元（以 1963 年幣值計算），[47] 可惜電影的票房慘澹無比。
雖然票房失利無法歸因於電影中泰勒所穿的禮服，但仍不免使人猜
想，特藝彩色技術是否讓金色服裝看起過於矯揉造作，甚至淪為低
俗。這是否成為戰後電影設計金色服裝非用來展現奢華，而是在科
幻電影中，用來做太空服裝和皮膚，尤其是外星人和機器人身上的
衣服或外皮的主要原因？弗里茨朗格（Fritz Lang）的原創電影《大
都會》（*Metropolis*，1927 年），裡面的機器人瑪利亞（Maria）雖
然像 1930 年代金蔥螢幕女神一樣以黑白畫面呈現，但其實就是金色
機器人。近年來的例子包含原創電影《星際爭霸戰》（*Star Trek*）
裡的羅慕倫人、歐奈拉慕提（Ornella Muti）在《飛俠哥頓》（*Flash
Gordon*）飾演的奧拉公主、喬安娜卡西迪（Joanna Cassidy）在《銀
翼殺手》（*Blade Runner*）飾演的左拉（Zhora），又亦或是最家喻
戶曉的《星際大戰》（*Star Wars*）裡的 C-3PO 機器人，身上都是金
色的。

　　無論是瓦爾納或其他古城，都暗示黃金不只與權力和財富有
關，也與來世有關；來世就是一種另類的現實。好萊塢用黃金來
展現魔力、異國情調，或當幻想未來及外星世界時，會讓角色穿
上金色衣服，代表超脫凡俗的另一個世界。我們回顧時發現，黃金
看起來可以很粗俗或裝模作樣，即使是在最輝煌的時期，這好萊
塢經典的閃耀之星，有時讓人如身臨其境般，彷彿來到「星際」太

空；有時又代表一種依戀物質財富的粗俗，但也就是這種粗俗，打破了世俗的規範，對抗了過往的壓迫。嘻哈文化裡的「金光閃閃」（無是真金或假金），代表一種「游擊戰式的資本主義」（guerrilla capitalism），能讓藝人透過「過度閃閃發光」（excess of shine）建立自我形象。[48] 我們下一章將探討，黃金如何在宗教與政治的脈絡中，代表精神與物質力量的結合，而且不論人怎麼努力嘗試，仍很難將兩者彼此分開。

曼谷金山寺（Wat Saket）
貼滿金箔的佛像。

第 2 章——黃金、宗教與權力

　　古時在宗教儀式中使用黃金的傳統，一直延續至今。泰國佛教信徒會買一小塊正方形的金箔來「做功德」，如奉養寺廟或貼在佛像上，這通常是一年一度的廟會才會有的活動，俗話稱 nagarn pid thong phra，亦即「佛（像）貼金節」。[49] 信徒會在這時候或在其他場合當中，把金箔貼在佛像和其他聖物（包含佛陀的腳印）上。有些禮佛的信徒為了使病痛痊癒，也會把金箔貼在佛像的相應部位上。佛像上的金箔黏貼不均，便形成驚人的視覺效果：有的部位金箔張貼飽滿，有的則因黏貼不牢而隨風飄散。對信徒以外的人而言，佛像表面看起來像是古時鍍金因年代久遠而剝落，但在信徒眼裡卻非朽壞的痕跡，反而猶如佛像生命的無限綿延。

　　做功德雖然是個人性的屬靈行為，由信徒透過行善累積、功德轉世，得以進入涅槃的淨界，但也可以是一種社會明顯可見的社會性行為。有些做功德的人不關心自己的精神生活，反而更在意鄰居對他的看法，這概念就是泰國成語 bpìt tong lăng prá 的假設基礎。這句話的意思是，要暗中行善，不求感謝，亦即要在人看不到的「佛像後面貼金」。當然，黃金除了代表神聖之外，長久以來也一直能發揮某種經濟作用。因此用黃金來拜神，特別是像上述泰國那樣公開使用黃金，可能會與崇敬神的目的背道而馳，因為這會令人誤以

為捐香油錢的信徒彷彿在炫耀自己能捐出財富般。

　　許多文化的宗教信仰，認為黃金展現了神才有的光輝與超凡脫俗，有時也直接關聯到神明的身體，例如：美洲古文明的阿茲特克人形容黃金是「神排出的糞便」，印加人則認為黃金是「太陽所流的汗」。古埃及人眼中的黃金較為高雅，將之視為神的血或肉（尤其是太陽神拉、冥王歐西里斯〔Osiris〕和女神哈索爾〔Hathor〕，後者有時甚至等於黃金本身）。[50] 在印度經書裡，黃金源自於生主（Prajāpati）迸發出的宇宙神（Viśvarūpa）的身體碎片，後來結合水與火神阿耆尼（Agni）種子而生的「金蛋」，孕育出梵天（Brahmā），並認為濕婆神（Siva ／ Shiva）的身體是液態黃金。在《羅摩衍那》（Rāmāyana）裡，黃金（及其他金屬）是由地球身體裡的阿耆尼種子所生。[51] 因此，人們大多認為黃金本身具有某種神性，理應用來祭神。古印度宗教的祭祀用物品與器具，大多是黃金所製。南亞與東南亞許多寺廟都會用黃金來裝飾外部，如仰光佛寺雪德宮大金塔（Shwedagon Pagoda）中的高聳金佛塔、（同樣位於緬甸）聳立於鍍金巨石上的寺廟大金石（Kyaiktiyo Pagoda），以及印度阿姆利則（Amritsar）重要的錫克教寺廟哈爾曼迪爾·薩希卜（Harmandir Sahib，金廟）。世界上最富有的寺廟是位於喀拉拉邦（Kerala）提魯瓦南塔普拉姆（Thiruvanathapuram）的帕德瑪納巴史瓦米神廟（Padmanabhaswamy），他們將價值 10 億美元的黃金文物藏於廟內。此外，還有許多聖堂內部，也是用黃金將其裝飾得金光閃閃，包含伊斯坦堡的聖索菲亞大教堂（Hagia Sophia）用金色鑲嵌片（tesserae，小塊方形磁磚）所製作的鑲嵌圖案，以及墨西哥城主教座堂（the

█ 建於西元第六世紀的仰光（Yangon，舊名：大光〔Rangoon〕）。

▍約莫西元十六～十七世紀，印度阿姆利則俗稱金廟的哈爾曼迪爾・薩希卜。

Cathedral of Mexico City）用金箔包覆的紀念性文物國王聖壇（Altar of Kings）。印加金廟經過西班牙人的蹂躪後，遺留的文物證據少之又少，但堪稱有史以來最耀眼的寺廟太陽神殿（Coricancha，Golden Enclosure，「金圈」之意），據說殿內滿布金片，外部也是貼滿黃金裝飾。

　　印加王除了建有太陽神殿等遺跡之外，也有一些能夠顯示他們神聖出身的金製與銀製權杖、標槍及戟等王袍服飾，並認為統治的

▌第九世紀（西元 827 年以前）土耳其伊斯坦堡的聖索菲亞大教堂，以黃金與玻璃鑲嵌的「拜占庭祈禱圖」（*Byzantine Deesis*）特寫。

▎墨西哥城主教座堂國王聖壇（Altar of Kings）細部。

菁英階層是太陽與月亮的子嗣。[52] 在埃及的神廟與法老王的墓穴裡，常可看到浮雕及金箔貼面，王室成員死後會以金器陪葬，棺材也採用黃金裝飾。在信奉基督教的歐洲裡，君王會在金冠珠寶上加入十字架，以樹立宗教與政治權力之間的關聯。其他菁英階層的金聖袍亦類似，人們認為統治菁英的權力是神所命定的，甚至當中有人擔任神職人員。根據希羅多德記載，斯基泰人相信黃金器物（杯子、斧頭、軛和犁）是天降之物，用來證明他們的統治者是神所命定的。[53] 由於希羅多德不可能知道黃金被引進內蒙古鄂爾多斯（Ordos）文

化的真實經過，因此他筆下描述的故事，聽起來比較接近神話傳說。歐亞大陸大草原上的畜牧民族，是希臘人統稱斯基泰族的其中一支，他們一邊放牧牲畜，一邊做出絕美的錫青銅飾品，並視之為珍寶。西元前第四世紀，他們被一群騎馬打仗且明顯重視黃金的游牧民族擾亂了生活，這群畜牧民族很快地改變了生活方式，跨上馬背變成

▋十九世紀迦納以緞金製作的鑄金心靈徽章墜飾（akrafokonmu，「淨靈徽章」之意）。

游牧民族，並制定出以黃金為最高級的金屬分級制度。但他們本身並沒有生產任何金器，用來裝飾馬的炫目皮帶扣及馬鑾裝備皆是中國為了輸出北方鄰國而特製。十六世紀之後，這些新興的騎兵後裔在忽必烈的帶領下打敗了中國，征服了輸出這些金器的中國人後裔，並且建立元朝。[54]

　　西非阿散蒂人（Asante）也相信，象徵國家地位的阿散蒂金凳（Asante Golden Stool）與斯基泰人的王室器物一樣，是落入凡塵的屬天之物。阿散蒂位於現代迦納共和國境內，亦是歐洲人所稱的黃金海岸。阿散蒂人相信「星期五出生的金凳」（Sika Dwa Kofi）於1701年從天而降，剛好落在阿散蒂土王奧塞‧圖屠（Osei Tutu）交疊的膝上。金凳上面有幾個鈴鐺，一個是用來召集人民，另外兩個則是透過鈴響，昭告金凳已在遊行隊伍中被人扛著翩然到來；另有一連串人形鈴鐺，象徵被阿散蒂王打敗的敵人。[55] 阿散蒂人認為，黃金無論是在過去或現今，都是宮廷用來炫富之物。阿散蒂王及朝臣會穿戴其他金飾，包含戒指、串珠、帽子及用於儀式的劍飾。當時的國王必須經過心靈洗滌，才能免於受到行使國家暴力的道德懲罰，負責的奴隸或僕人會戴著淨靈徽章（akrafokonmu），而國王的代言人會拿著頂部裝有金色裝飾的「語言師杖」（kyeame poma）。但另一個代表黃金在阿散蒂王國重要地位的證據，竟然是完全不採黃金所製作的金砝碼。金砝碼一般以黃銅製，十七世紀初就已出現精巧的裝飾與具象派藝術。金凳的地位至尊至聖，國王不會坐在上頭，即使有（極少的）機會一窺廬山真面目，也只會被放置在具有歐洲風格的專屬椅上展覽。1900年，殖民地總督佛萊德里克‧哈吉

■ 西元前第三～二世紀希臘，刻有奧菲斯教銘文的金薄片。

遜爵士（Sir Frederick Hodgson）受命治理英國剛取得的殖民地時，傲慢地要求坐在金凳上，阿散蒂人受不了這種侮辱而群起反抗，在庫馬西（Kumasi）將英國人團團包圍，俗稱金凳之戰（War of the Golden Stool）。值得注意的是，這也是導致維多利亞女王（Queen Victoria）及王母阿散蒂娃（Queen Mother Yaa Asantewaa）互相為敵的一場戰爭。雖然最後阿散蒂人將領土輸給英國人，卻成功地保全住金凳，直至今日，它仍是展現迦納阿散蒂傳統的象徵。

世俗的統治者自古至今，都有頒發戒指、杯子或獎牌等金信物給親信或僕人的特權，奠下以「金牌」作為比賽獎品的觀念基礎。在近代歐洲的發展中，於 1900 年左右開花結果，形成現代奧林匹克比賽頒發的記名（金、銀、銅）金屬獎牌制度。

金上題字

黃金在宗教界的其中一種特殊用途，就是用來題字或用來書寫出文字的材料。摩門教會的創始人約瑟夫・史密斯（Joseph Smith），聲稱自己收到天使摩羅乃（Moroni）所賜予的「金頁」（golden plates），於 1830 年將內文翻譯並出版，此即《摩門經》（*Book of Mormon*）。古代地中海地區的人會準備一片薄薄的刻字金片，作為死後前往來世的「通行證」，這種金片稱作 lamellae，亦稱為奧菲斯教金薄片（Orphic gold tablets）。有些金片會切割成某些形狀，捲成經匣（有法力的護身符）的樣式，刻上安慰及訓誡亡者的文字，一路指引他們前往陰間；但有些似乎是在世的人為求得

保佑、勝利或愛情的法術所用。古代歐洲的文化中，有些會在人死後將幾枚金幣放在死者的舌頭上，或隨著遺體陪葬，讓亡者作為橫渡斯堤克斯河（River Styx）的渡河費付給船夫，這在希臘稱作「卡戎的硬幣」（Charon's obol）。嚴格來說，這些「硬幣」其實是上面刻有人像或神話人物像的薄金箔。

　　無論黃金在一個文化裡的神聖價值是否高於貨幣的利用價值，很多文化都難以確立黃金在神聖與世俗意義之間存在的關係。黃金在宗教活動裡的地位往往非常弔詭，這種金屬到底是天生高貴呢？或像錢本身一樣，純粹是人約定成俗的結果？黃金是否適合用來拜神？抑或其物質性會影響它的靈性力量？黃金的「燦爛奪目」的確具備經濟方面的特性，但從某種道德觀點來看，卻似乎有點危險。

　　《希伯來聖經》（the Hebrew Bible，基督徒稱為《舊約》〔the Old Testament〕）裡有幾處經文，生動地記載了用黃金來敬拜的情形，顯見黃金在當時的地位相當搖擺。黃金首次出現就被用來製作金牛犢，形象非常負面（請參第 10 頁）。在〈出埃及記〉（Exodus）裡，摩西（Moses）爬上西乃山（Mount Sinai），領受寫下十誡（the Ten Commandments）時，以色列人因在山下等得不耐煩而請摩西的哥哥亞倫（Aaron）為他們造神。

> 亞倫對他們說：你們去摘下你們妻子、兒女身上的金環，拿來給我。百姓就都摘下他們耳上的金環，拿來給亞倫。亞倫從他們手裡接過來，鑄了一隻牛犢，用雕刻的器具做成。他們就說：以色列啊，這是領你出埃及的神。（32：2-4）

▌西元十五世紀，慕尼黑的薄伽丘大師（Master of the Munich Boccaccio）於羊皮紙上以顏料和黃金所畫，按所羅門王命令興建耶路撒冷聖殿圖。

　　製作金牛犢直接與十誡相抵觸，十誡第一條即表明「我是耶和華－你的神，曾將你從埃及地為奴之家領出來」，以及第二條和第三條的禁止敬拜別神及雕刻偶像。雖然因干犯尚不知情的誡命而受到懲罰，對以色列人是否公平確實是有問題的！但這段記載在造偶

西元第九世紀義大利羅馬的聖普拉賽德教堂（the Church of Santa Prassede）聖柴諾堂（the Chapel of St. Zeno）鑲嵌畫。

像的意圖層面，卻呼應了後來歐洲宗教辯論中的拜偶像爭議。儘管在上述的經節中清楚顯示金牛犢是亞倫的傑作，但摩西後來問亞倫那尊偶像是怎麼回事時，他卻說：「他們就〔把金環〕給了我，我把金環扔在火裡，這牛犢便出來了！」可能有人會想，到底是亞倫真的忘記那是他一手所造，或只是感到慚愧並試圖隱瞞真相，如同數百年來，人類一再為自己鑄造偶像，卻又忘了或隱瞞這些神像只是人造的事實一樣。只要相信人造之物有神性，並且將之當神來拜，就屬於拜偶像的行為。《聖經》批評拜偶像時經常提到，人拜偶像時，必然會認為自己與所拜之物相似；再者，人把無生命的物品當成活物，即是把自己物化。

這種特性並非黃金或貴重金屬獨有，《聖經》中也常提到木頭，但這或許是因為意指木頭的希臘文 hule，亦是物質統稱之故。但黃金卻在《聖經》討論拜偶像的經文中，具有某種特殊的地位。偶像是「金銀所造」的概念，出現在〈詩篇〉（Psalms）、〈何西阿書〉（the Book of Hosea）及〈以賽亞書〉（the Book of Isaiah）。在《新約》（*New Testament*）〈使徒行傳〉（Acts of Apostles）裡，保羅以「我們不當以為神的神性像人用手藝、心思所雕刻的金、銀、石」，呼應上述言論。然而，《聖經》也會使人覺得，用黃金來榮耀神或象徵天上的事物，是特別不錯的方式。摩西眼見以色列人拜金牛犢，怒不可遏地把寫著律法的石板摔碎。這塊四分五裂的石板，最後被放到稱為至聖所（the Holy of Holies）的裡面，據說所羅門王（King Solomon）後來用黃金器物裝飾它並整塊塗上黃金。根據《聖經》記載，所羅門王的父親大衛王（King David）為此給了他 10 萬

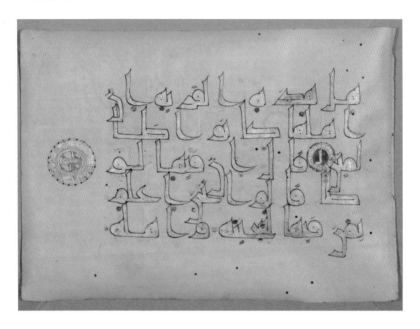

約西元九～十世紀於羊皮紙上用黃金與油墨製成，以金色庫法體抄寫的其中一頁《古蘭經》。

他連得（talent）的黃金，他連得是當時的重量單位，我們無從確切得知這相當於多少黃金，但一他連得的銀子可支付三列槳座戰船（trireme）船員一個月的薪資，由此可推測 10 萬他連得的黃金應該價值連城。除了所羅門興建的聖殿之外，門徒約翰（John）在〈啟示錄〉（Revelation）異象中看到，那座用黃金蓋成、路也是由黃金鋪成的新耶路撒冷城（New Jerusalem），無疑就是在天國。

因此，《聖經》文本從消極和積極的角度為人在思考黃金上提供了素材。由於基督教神學始於羅馬帝國時代，經過中古歐洲

▌西元 1180 年塞爾柱王國（伊朗東部或今日阿富汗）的《古蘭經》手抄本其中一頁，在紙上用油墨、不透明水彩和黃金繪製而成。

▍ 1436 年帖木兒王朝時期的阿富汗赫拉特（Herat）工作坊，在紙上用油墨、顏料及黃金製作，出自米爾・海達爾（Mir Haydar）的《夜行登宵之書》先知穆罕默德於地獄門前禱告圖，目前屬法國國家圖書館所有。

▌波斯詩人雅米（1414～1492 年）的《七寶座》手抄本對開頁，在紙上用不透明
水彩、油墨及黃金繪製的《先知升天》（*the Miraj of the Prophet*）圖，推測寫於
薩非王朝 1556～1565 年間。

▎西元九世紀，聖梅達爾斯瓦松福音書的作者聖馬可（St. Mark the Evangelist）圖。

及拜占庭時代而形成，既擁抱物質世界，又對其懷有敵意。基督教在西歐一開始是貧困階層信奉的神祕異教，後來變成羅馬帝國的國教。君士坦丁大帝（Constantine）更於 312 年皈依基督教後，教堂開始變得富麗堂皇。自此以後，基督教的教堂變成永久性的公共建物，開始在外觀塗上金色，內部也貼上閃亮的金箔，再用金色鑲嵌片拼貼出鑲嵌圖案。[56] 西元第四世紀時，開始以「金色的」鑲嵌片（把金薄片裝在玻璃中製作而成）裝飾教堂的半圓形後殿及其他各處的畫牆，營造出底色純金的效果。[57]

如我們所見，黃金這種原料性的物質既呈現出脫俗的光輝，有時卻又與之相互衝突。聖經注釋學者在解釋黃金於古文本裡的含義時，一般都會強調黃金的象徵意義，即黃金代表的不是

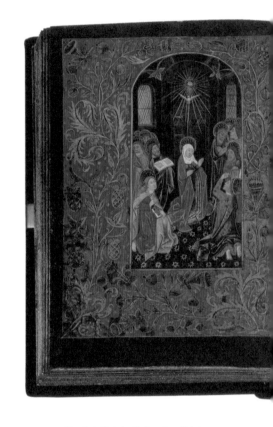

▌《時禱書》其中一版《黑色時光》，約是在 1470 年於染黑或塗黑的皮紙上以金色字體抄寫並彩飾的手抄本，珍藏於比利時布魯日（Bruges）。

奢侈，而是高尚的美德。[58] 基督教早期的作家耶柔米（St. Jerome）批評，在紫色羊皮紙上以金色字體抄寫福音書（即著名的金字體書

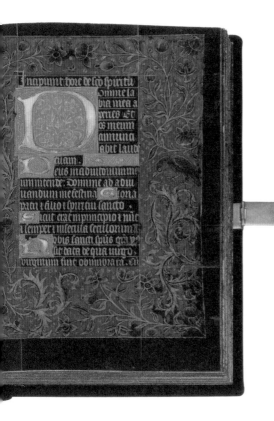

法〔chrysography〕）是種豪奢的行為，並在〈約伯記〉（the Book of Job）譯本的序中透露，有些人只關心書本漂亮的外表，卻不關心內容的正確性。在他自己的其中一封信中寫道：「羊皮紙被染成紫色，金子被熔化後拿來寫字，手抄本也用珠寶裝飾，基督卻在他們的門外挨餓受凍。」[59] 然而，即使耶柔米極力批判，也未能阻止闊綽的贊助人命人做出以金墨和金箔書寫和繪圖的華麗經書。巴拉丁譯本（the Codex Palatinus）及錫諾普福音書譯本（Sinope Gospels），即是在染成紫色的精緻皮紙上，刻上金色字體的拉丁文與希臘文譯本。

伊斯蘭教世界亦然，儘管禁止《古蘭經》（Qur'an）使用金色字體和其他裝飾，但當時那些華麗的彩飾手抄本，似乎直接與上述

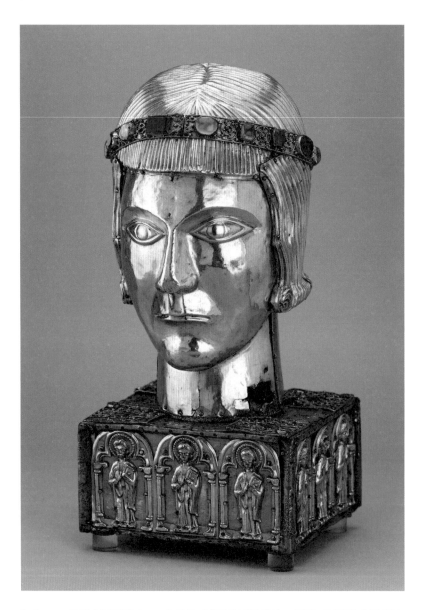

▌約 1210 年瑞士巴塞爾（Basel）的聖尤提斯頭部聖髑盒，以寶石鑲嵌的金屬細絲圓環，裝飾包覆木芯的銀鍍金浮雕頭部。

規定相抵觸。[60]《古蘭經》裡有八次提到黃金，其中四次與信徒將來在天堂享受快樂與奢華有關。《古蘭經》43：71 提到，天堂的金盤裡裝著「人人內心渴望的所有一切」，但禁止配戴金飾，這意味著在今世用金杯、銀杯喝酒，會讓你覺得肚中有如地獄之火在燒。就在第九世紀末或第十世紀初，伊斯蘭教製作彩飾手抄本的彩繪師，便在染成靛青色的皮紙上，用金色字體以突尼西亞文寫成《藍色古蘭經》（*Blue Qur'an*），或許就是一種模仿基督教的作法。最早的清真寺只有銘刻聖書的經文時，才能用鑲嵌片將字拼成金色，而興起於第八、九世紀之交的《古蘭經》手寫字體庫法體（Kufic），即是由金色鑲嵌字發展而成。[61] 有一本用金色庫法體手寫而成的豪華手抄本，看似樸素，其實每一頁都只刻上少少幾個字，可謂極盡奢華之能事。此外，黃金也能當底來寫字。塞爾柱王國（Seljuk empire）（參第 90 頁）時期出現了一種以黃金當底的黑色庫法體，用這種字體所寫的《古蘭經》手抄本即是其中一例。

伊斯蘭教的手抄本為了突顯重點，會固定以金色字體來寫真主的名字或章節標題，有時也會用在插圖裡，例如：在先知穆罕默德升天的神祕事件當中，用黃金來象徵先知之火或真主的本質，這則故事也被多次傳講。《夜行登宵之書》（*Mirâj Nâmeh*）又稱為穆罕默德的神奇旅程（Miraculous Journey of Muhammad），在這本書裡，天使吉卜利勒（Gabriel，譯註：即基督教聖經裡的「加百列」）載著先知穆罕默德，從麥加的清真寺飛到耶路撒冷的「遠寺」（Far-off Mosque）。他上到各層天上，最後得以見到神寶座上的真主。手抄本常以黃金裝飾插圖代表包圍穆罕默德四周的先知之火，以及他遇

凡爾登的尼可拉斯（約 1150 ～ 1205 年）
於 1181 年以黃金、琺瑯、寶石、寶石浮
雕、古董寶石著手製作的三王聖龕。

到的天堂景象。法國國家圖書館（Bibliothèque nationale de France）位於巴黎，館內珍藏的《夜行登宵之書》手抄本特別精緻華麗，是十五世紀時，在帖木兒王國（Timurid）的皇家工作坊裡，以維吾爾語（Uighur）寫成的；且在 1673 年由《一千零一夜》（*Thousand and One Nights*）的譯者安托萬・加朗（Antoine Galland）於君士坦丁堡（Constantinople）取得後，輾轉帶到法國。在穆罕默德與真主相遇的那一頁，可以看到他被捲進金色火河中。這則故事是彩飾常見的素材，不僅出現於十六世紀薩非王朝波斯（Safavid Persian）雅米（Jami）所著的《七寶座》（*Haft Awrang*）某一本精緻華麗的彩飾手抄本中，也收錄在由伊斯坎達（Iskandar，亦即亞歷山大）所寫的《智慧篇》（*Book of Wisdom*）裡。穆罕默德以傳統表示尊敬的方式，在臉上罩一層白色面紗，騎人頭馬身的駿馬，被金色火舌包圍，並有天使服事他。

中古歐洲的手抄本也常用到黃金。查理曼（Charlemagne）及其繼任者承襲傳統，以金字抄寫華麗的福音書，例如聖梅達爾斯瓦松福音書（Gospel of Saint-Médard de Soissons），就是於西元第九世紀在紫色皮紙上以金字寫成的。中古世紀後期，也會固定用黃金來裝飾手抄本。嚴格來說，只有用金、銀裝飾的才足以稱為「彩飾」（illuminated）手抄本。彩繪師原本是用金粉混合油畫調和油，才能（與其他顏料一樣）用刷子進行繪畫。「貝殼金」（shell gold）則是與鹽或蜂蜜一起經過磨碎的黃金，而非像搗碎的黃金一樣易形成一層薄薄的金箔，並像其他顏料一樣，被放到貽貝殼裡。十二世紀以降的彩飾手抄本，會在書頁的某幾處貼上金箔，也會用於字樣（特

別是在標題或聖名縮寫〔nomina sacra〕）、邊框及裝飾設計，以及在具象圖上作為背景或重點使用。西元 1300 年，手抄本開始量產，歐洲的黃金產量也隨著西非的黃金貿易擴展，還有因 1204 年歐洲十字軍東征劫掠君士坦丁堡而增長。[62] 此外，中古世紀後期都市地區圖書產業的成長，也促成金箔的使用。在專門工作室裡作業的專業彩飾彩繪師，其裝備比修道院的抄寫員齊全，因為金箔不僅很難操作，更需要在完全擋風的工作空間；無奈修道院的抄寫員往往只能在隔間工作，旁邊緊鄰的就是露天迴廊。彩飾手抄本的專業彩繪師當時最蔚為流行的一類作品，就是《時禱書》（*the Book of Hours*），這是由闊綽的贊助者私下委託製作或碰運氣上市販售的禱告書，常以黃金裝飾；《黑色時光》（*Black Hours*）則回歸以前紫底金字的風格，在染成黑色的皮紙上以金銀書寫，現在紐約摩根圖書館（Morgan Library）中珍藏。

石頭與骨頭

　　人是否真的能靠物質來接近神？這問題是基督教思想發展史上特別常辯論的主題。從啟發許多中古世紀神學家的新柏拉圖觀點來看，宇宙是由從以神為起點的階級結構組成，因此物質世界能顯現的神性可說是微乎其微。西元第五世紀的新柏拉圖作家普羅克洛（Proclus）曾以黃金為例來論述，古典主義學者彼得・施特魯克（Peter Struck）如此形容：

▌聖派翠克鐘的聖龕在1091年～1105年間以青銅製造，再以金、銀和寶石為裝飾，
供奉原安放於聖派翠克之墓的鐘。

▋ 西元第九世紀的聖斐德斯聖髑盒，以銀鍍金、黃銅、琺瑯、
水晶、寶石、寶石浮雕、木芯製作，後世則加上了哥德式的裝飾。

有一道光，或一道長長的光，離開了獨一真神超越宇宙的至高之處，以傳統希臘神阿波羅的樣貌，顯現於萬物之源近處，這道光持續往下進入精神層次（Nous），形成柏拉圖式的太陽……。接著進入物質層次外圍的界限，形成我們在天空所見實際有形的太陽。但這道光並未在此止步，而是繼續下到更低的物質現實（material reality）層，再進入植物層次，變成向陽植物，接著進入礦產層次，變成黃金。[63]

就這思維來看，人有時會將黃金視為一種礦物（最底層的一種物質），或最能顯現神性之物，抑或兩者皆是，因各人觀點而異。毫無疑問的是，聖經會在談到至聖上主的經文中明顯提到黃金。教會用黃金來重現所羅門所建的聖殿，並為信徒創造天上耶路撒冷閃耀迷人的異象。十二世紀負責監造聖丹尼斯羅馬集會堂（Basilica of St-Denis）的修道院院長蘇傑（Abbot Suger），形容這座首次興建的哥德式教堂時，不斷強調教堂裡的器皿、十字架、壁氈、鍍金碑文、壁畫及聖壇都有璀璨的金色裝飾。黃金這種材質特別適合用來存放聖體（Eucharist）或聖徒遺體，據他所說，黃金的光芒使聖徒「在遊客眼裡顯得特別美麗與出眾」，並主張「這些服事全能上帝的聖潔靈魂耀眼如日，因此（活著的人）應盡心盡力，用精金及豐富的紅鋯石、綠寶石及其他寶石等最珍貴之物來保護他們的遺體。」[64]

蘇傑指出了黃金在宗教裡的主要用途，即用來做成存放聖徒遺骸或聖髑（relics）的聖髑盒（reliquary），使它們籠罩在閃耀的光芒之下。歐洲最大的聖髑盒「三王聖龕」（Shrine of the Three Kings）

即是以黃金製作，目前存放於科隆大教堂（Cologne cathedral）。這座用來存放東方三博士（the Magi）聖髑，長逾 2 公尺（6 英呎）的聖髑盒，是十二世紀時由凡爾登的尼可拉斯（Nicholas of Verdun）所製。東方三博士的聖髑之一，本身也是以黃金製作的，是一枚第五世紀拜占庭皇帝芝諾（Zeno）統治時期的索利都斯（solidus）金幣，在米蘭被當作東方三博士送給嬰孩耶穌的黃金來膜拜，人稱東方三博士之幣（ducato dei tre magi）。[65] 其實多數的聖髑都是骸骨與部分遺骸，可作為聖徒實際活過的物證。事實上，它們不僅是象徵性展示而已，更是要讓人知道，這些當時存在的聖徒，現今仍與信徒同在（甚至仍活在身邊）。但無論是否為真實的遺骸，這些骨骸均年歲久遠、骯髒又支離破碎，毫無可看性。不過裝飾奢華的聖髑盒似乎能彌補這些問題，藉由黃金和其他珍貴材質的美，來展現這些文物如假包換的重要性，同時暗示聖徒擁有純潔的光芒。的確，擁護聖髑的人都很清楚上述用意。埃希特納赫的希爾佛利德（Thiofrid of Echternach）認為，用黃金箱子來保存聖徒的遺骸，人就不會覺得遺骸實際很「恐怖」，這作法頗有道理。[66] 無論聖徒的遺體實際看起來如何，盒子都必須讓人覺得華麗奪目。黃金這種特殊地位也出現於畫作之中，有時化作人像後方的光暈，有時則以浮在空中的金冠或閃亮的金袍來表現。

若是以身體部位代表完整遺骸及顯示其身分，則稱作「寫真」（speaking）或「肖像」（image）聖髑盒，如大英博物館（the British Museum）典藏的聖尤提斯（St. Eustace）頭部聖髑盒那樣，把一片頭骨放在貴金屬裝飾的真人尺寸頭顱之中。有時會用較為華

▌畢馬蘭聖物箱是一個圓柱形的黃金遺物容器，上面鑲嵌著鐵鋁榴石，出自西元
一世紀犍陀羅畢馬蘭（現代阿富汗）的佛塔 2 號紀念碑。

第十三～十四世紀素可泰王
朝的泰國曼谷黃金大佛。

麗的盒子來裝簡樸文物的聖髑，例如，聖派翠克（St. Patrick）的鐘，就比外面那層金細絲製（把細絲焊在表面形成圖案）的鐘狀聖龕簡樸許多。藝術史學家辛希亞‧哈安（Cynthia Hahn）談到聖尤提斯的頭時，曾如此形容（同一段敘述亦可用來形容其他聖髑）：「這如同看到……人物的形體發出光芒，簡直是令人驚異又飽滿的感官體驗。」[67]

最著名的黃金製基督教聖髑盒為保存於聖斐德斯教堂（church of Ste-Foy de Conques）裡，那尊聖斐德斯（Ste-Foy，St. Faith）不足90公分（3英呎高）的第九世紀雕像。這尊雕像坐姿威嚴，身上布滿許多寶石，古代製造的頭部極有可能是從羅馬帝國末期的王室雕像移來，如面具般表情漠然的臉上，瞪視的雙眼地令人不安。你可以想像，在中古世紀教堂搖曳的燭光下，一張閃爍的臉看起來似乎會動，彷彿活了起來。第十一世紀住在昂熱的伯納德（Bernard of Angers），曾著書談論聖斐德斯的神蹟。起初他對於雕像並不苟同，甚至將之比喻成用來供奉的朱比特（Jupiter）或戰神瑪爾斯（Mars）異教徒神像，最後卻主張：「聖像的存在是為了紀念殉道者，而非用來求神問卜的神像」[68]，並繼續蒐集更多有關聖斐德斯的神蹟軼事。

我們是否不該認為，伯納德的轉念並不完全合理？因為無論神像是否「要求」信徒供奉，信徒仍會為了報答聖徒所行的神蹟，而誠心地獻上無數供品、堆滿神像面前。的確，神像跟偶像一樣，有時會懲罰那些沒有供奉他們的人，有時信徒確實不太清楚神明、半神與無生命的雕像之間的差別，這種認知差距也在十六世紀清教徒宗教改革期間，引來猛烈的抨擊，甚至造成實際的破壞。當時的

人不僅擔憂敬拜上帝會淪為崇拜物質，教堂奢華的裝潢也會引發教會財富過於雄厚的疑慮。但他們並非到了第十六世紀才突然擔心禮拜時所用的金器會使人過於看重黃金的經濟價值，從刻在中古世紀文物上的文字得知，基本已假設了上述的可能性。米蘭聖安博教堂（Sant' Amrogio）裡的金聖壇背面，有一句警語說：「這份財寶憑著聖骨加添的力量，比所有黃金更為強大。」[69] 同樣地，《加洛林書刊》（the Opus Caroli）作者席奧道夫（Theodulf）命人編製的聖經，也於致謝之處表示，封面「穿透寶石、黃金與紫色」閃耀，而且「其中的光輝……因自身的偉大榮耀而更加耀眼奪目。」[70] 丹麥有張鍍金的聖壇布，上面寫著：「聖壇因傳講上帝的歷史，而散發出比你所見更加耀眼的光芒。它的確揭示了基督的奧妙、基督的榮耀更勝黃金。」[71] 此處的黃金顯然相當珍貴，使神的榮耀絕對高於黃金這個事實，顯得更加奇妙。

阿富汗出土的古代佛教「畢馬蘭（Bimaran）舍利盒」，是世界上最古老與最偉大的金聖髑盒。金色的骨灰盒外面有精美的人物浮雕，佛陀身邊環繞著印度神梵天及帝釋天（Sakra），每一位神都各自站在尖拱門的壁龕內。雖然是採用斯基泰人的黃金工藝技術，然風格卻有希利尼（西元前第五世紀的古典希臘時期之後發展出來的希臘風格）的味道；只是文物年代一直以來都眾說紛紜，證據顯示應為基督誕生前後所製作。若是如此，這就是現存最古老的佛教工藝作品，並早於任何一件基督教的塑像，這點極其重要，因有些人認為佛教藝術是模仿早期基督教藝術而來的。

除了像畢馬蘭那種小型舍利盒之外，佛教寺廟的舍利塔（通常

是廟宇建築群中的一座大塔，外形像土墩、球或鐘，頂端多有尖細的尖柱）也會供奉佛陀或僧侶的骨灰，因此也被視為一種舍利盒。東亞與東南亞的舍利塔都會鍍金，儘管中國古代認為青銅和玉比黃金貴重，但似乎也因佛教的傳入而開始體認到黃金的價值，本土黃金工藝產業亦受佛教影響鼎盛的唐朝（西元 618 ～ 907 年），才開始蓬勃發展。另外有個佛教傳入的傳說，更直接使黃金的價值大大提升，故事說道：（西元第一世紀在位）東漢明帝夢到了一尊巨大的金色神明，於是派人自印度帶佛教的沙門前來，隨後開始興建金廟。西元第六世紀的《洛陽伽藍記》（*Record of Buddhist Monasteries in Lo-Yang*）（洛陽是中國其中一座古都城）提到好幾千座的金舍利塔，也記載著許多尊金佛像，以及用金鐘、金門環、金指甲、金罈、金盤等各種裝飾物點綴的廟宇。據《洛陽伽藍記》所稱，這些耀眼的擺設使得僧人達摩祖師（Bodhidharma，於西元第五世紀時從波斯來到中國，後來更創立禪宗）嘆為觀止。[72]

從裡到外

許多從中國到印度取經的僧侶，如第七世紀的僧人玄奘（Xuanzang）等人，也都因親眼所見金色佛像而驚嘆。[73] 大多數外表金色的佛像，其實是由別的材質製作後鍍金完成。我們能理解為何佛教徒會把佛像鍍金，因為佛陀有三十二相，其中一相的皮膚金黃、滑順如金，這概念與古埃及神的金色皮膚相似；亦有人說佛陀周圍充滿了燦爛奪目，甚至是金光閃閃的萬丈光芒。世界上最大的

蒙天・布馬以水泥、金箔及
藥草製作的作品《盧空消散：
心智的模子》（1998 年）。

純金佛像是原於素可泰王朝（Sukhothai，西元第十三～十四世紀）
打造的泰國曼谷黃金大佛（Golden Buddha）。歷史上曾一度有為了
守衛、防止佛像遭竊，反其道而行，將這尊佛像用水泥封住，後世
再用油漆和彩色玻璃裝飾，直到 1955 年才將佛像移至新址。途中，
固定佛像的繩索脫落，導致佛像摔落地面，碰掉幾塊外層的水泥，
於是裡面的金佛露了出來。

　　佛教和其他宗教一樣，與黃金之間也存在著矛盾的關係。佛
陀捨棄了世俗財富，僧侶也理當過著清心寡慾的生活。但珍貴材料
在佛教傳說與儀式裡既代表精神意義，又能用來禮佛。佛教故事裡
形容的極樂世界，即是由黃金建造而成，例如阿彌陀佛（Buddha
Amith-aba）極樂世界裡的地是由黃金打造，彌勒佛（Maitreya
Buddha）出生的城市裡也是遍地金沙。然而，佛教規定人應捨棄世
俗財富，雖然聖典吩咐僧侶不要使用金缽化緣，皇室仍卻常以金缽
當作贈禮送給高階僧侶，[74] 如此明顯的牴觸，當然也不免飽受批判。
[75] 第九世紀的唐武宗在一連串滅佛的行動中，也曾禁止佛教徒用黃
金（及其他珍貴材料）製作佛像，但這不是因為他認為佛教應清心
寡慾，而是擔心寺廟斂財會導致貨幣供給枯竭，因此他聲稱，用土
和木頭「就足以表達崇敬之心了」，甚至命人把鍍上去的黃金剝下，
上呈朝廷。[76] 位於印度比哈爾邦（Bihar）的摩訶菩提寺（Mahabodhi
Buddhist temple），在 2014 年接受泰國國王的饋贈，將圓頂鍍上黃金；
這相當諷刺，因為相傳佛陀就是在此宣布捨棄世間財富的，且摩訶
菩提寺正是為了紀念此事蹟所建。

　　泰國現代藝術家蒙天・布馬（Montien Boonma）藉其作品《虛

空消散：心智的模子》（*Melting Void: Molds for the Mind*，1998 年），邀請參觀的人進行一場私人體驗，來影射佛像鍍金的概念。但他做的不是實質的佛像，而是裡面空空的外模。然後請參觀的人走進去，在裡面尋求庇護與正念。他把金箔（及藥草和朱砂）貼在裡面，而非外面。這種隱蔽性象徵不尋求社會的認可，道理與「佛像後面貼金」相近。在某種意義上而言，他其實是邀請人走進佛陀的心中，儘管周圍都是黃金，令人肅然起敬，卻又不會碰觸到，可體會那種無常而非永恆的幽暗空間。[77]

1624 年普桑（Nicolas Poussin）的帆布油畫
《麥得斯在帕克托羅斯河洗淨詛咒》（*Midas washing away his Curse in the River Pactolus*）。

第 3 章——以金為幣

　　呂底亞國（Lydia）位於今日的土耳其西部，統治者克羅西斯王（Croesus）曾經富甲一方，他的名號之所以能透過「像克羅西斯一樣富有」這句話流傳百世，主要是拜作家希羅多德所賜。希羅多德於克羅西斯王死後一百年寫下《歷史》，書中詳細記載克羅西斯王享有的榮華富貴，闡釋錢無法買到幸福的陳腔濫調。根據這位史學家細膩的描述，呂底亞人獻給德爾菲（Delphi）神諭的，一定都是豐厚大禮，例如重達十他連得（逾 227 公斤／ 500 磅）的純金獅子。除此之外，他也提到，克羅西斯王與雅典哲學家梭倫（Solon）見面時，曾問說誰是世界上最幸福的人，梭倫回答是某位已經死去的無名人士。克羅西斯王富可敵國，他本來以為會聽到自己的名字，因此梭倫的答案令他大為震驚。梭倫解釋道，人只要活著，就可能隨時遭遇禍害，唯有死後才能獲得真正的幸福。事實上，希羅多德也急於告知讀者，克羅西斯王確實發生了各種不幸，先是在打獵的意外中失去兒子和繼承人，後來親眼目睹自己的王國遭波斯所滅。希羅多德並非首位蔑視富有鄰國的希臘人，西元前第七世紀的亞基羅古斯（Archilochus）提到克羅西斯王的祖先蓋吉斯王（King Gyges）時，也曾說：「蓋吉斯王那些金器和財寶我一點都不在乎，⋯⋯，這類器物在我眼裡毫不起眼。」[78]

可能都是酸葡萄的心理，黃金在許多希臘城邦中十分稀有，然而，據說傳奇人物麥得斯王（King Midas）在流經呂底亞的帕克托羅斯河（River Pactolus）中洗去詛咒後，所遺留的大量黃金多到站在河岸即唾手可得。當時不僅愛奧尼亞海（Ionian）的許多希臘城邦前來呂底亞進貢，且進一步占領一些國家。因此當克羅西斯王於西元前546年敗在波斯居魯士二世（Cyrus of Persia）的手裡，導致波斯帝國逼近希臘國門口時，便意味著呂底亞傳奇般的榮華富貴，不僅無法保護自己不被擊敗，也無法保護希臘不受他們共同敵人的侵害。但我們要談的是，即便如此，克羅西斯仍是首創金幣和銀幣的金銀複本位制（bimetallic system）的人，即使是希羅多德也不吝於如此承認。

但這些並非首次出現的錢幣，呂底亞國的幾位先帝都曾發行過鎳銀幣（於天然存在的金銀合金裡，加入白銀調和，使金銀比例達到一致）；中國周朝也自西元前900年左右開始鑄造青銅仿貝幣（儘管這些是否被認為「貨幣」，至今仍尚有定論）。這並非人於買賣中使用黃金的首例，因為這種做法最少可追溯至兩千多年前。然而，目前持續於克羅西斯都城挖掘的哈佛－康乃爾大學的撒迪聯合遠征隊（Harvard-Cornell Sardis Expedition），卻找到極為誘人的證據，強烈暗示那位未逃過劫數的國王，確實是史上首位發行重量與價值統一的金幣和銀幣的統治者，只是證據並非來自金庫或鑄幣廠的遺跡，而是來自許多座工匠處理穀物與金粉的工作坊，他們在那裡將黃金與天然一起生成的石英、白銀和黃銅分開。這是史上第一次有人能將這些金屬分開，克羅西斯的金匠也就成為史上首位有能力鑄造純金與純銀錢幣的人。[79]

但我們也應記得，錢幣的概念並非從金幣出現後才開始形成，且不止於金幣。事實上，金幣在人類文明史和貿易史上僅是曇花一現。經濟學概要告訴我們，錢的形式無論為何，都是用來代表價格與欠款的交易媒介與標準單位。金幣出現以前，早就會用任何具有雙方認可價值的物品當作交易媒介。乳牛和穀物天生具有主要食物來源的價值，因此在早期社會中十分通用。但即使不具備實質的固有價值，也能當作基礎貨幣，如史上流傳最廣的貝幣，並無任何明顯的實際用處，這點就與乳牛不同（當然，現代錢幣的價值遠遠超過鑄幣的金屬材料）。僅是用來作為衡量價值的材料，而不用真的拿出來彼此交換，例如：西元前 2500 年的埃及，若有一人想要換牛，另一人想要換穀物，就會用白銀或黃銅來判定雙方的商品價值，以確保交易的公平性，但並不會真的互相用白銀或黃銅來進行交易。在《伊利亞德》（*Iliad*）裡，希臘戰士戴奧米迪斯（Diomedes）和呂基亞（Lycian）的戰士葛勞可斯（Glaukos）在戰場上相遇；兩人發現雙方的祖父互為朋友，於是同意不互相殘殺，僅是交換盔甲。但天神宙斯（Zeus）使葛勞可斯失去冷靜的判斷，於是「他與戴奧米迪斯交易時……用價值一百頭牛的金盔甲，換了價值九頭牛的青銅」[80]（雖然占便宜的或許是葛勞可斯，因為在戰場上穿金盔甲負荷太重了。）而這種交易的方式，並未因錢幣問世而消失。西元第十二世紀時，一則作者佚名的威爾斯（Welsh）傳奇故事《奇虎克與歐文》（*Culhwch and Olwen*）裡提到，一名穿著講究的少年形容「鞋子和從膝蓋延伸到腳指尖的馬鐙，上面所有的貴重黃金價值三百頭〔牛〕」，由此可知，他們也是用黃金來保值並進行價值交易的。[81]

█ 約西元 1650 ～ 152 年，尼古拉斯・克尼普菲（Nikolaus Knüpfer）的帆布油畫《梭倫侍立於克羅西斯王前》（*Solon Before Croesus*）。

　　那錢幣帶來了什麼經濟方面的創新呢？錢幣與貝幣相似，比乳牛方便攜帶。有了錢幣，更容易將黃金等金屬用於貿易上，因為錢幣能用統一的形狀和重量來表示固定的數值。錢幣問世前，雖然也會用黃金來交易，但收受方必須先量測黃金的重量，才能知道價值多少，或許還必須知道檢測貴金屬的含量。政府設計出印有統一標誌的固定形狀（克羅西斯鑄造的是凹凸不平的八字形金幣，上面壓出獅子的圖案）並發行錢幣，來規定一塊某種尺寸、形狀與標誌的金屬，相當於多少特定金額等。這當中仍蘊含信任的成分，因為收受這種錢幣，即

代表你相信發行錢幣的政府，並且認同他們規定的價值。

古金幣

因此，我們可以理解貨幣制度與國家形塑（state-building）為何如此息息相關。古地中海地區就有個貼切的案例，亞歷山大大帝（Alexander the Great）在西元前 323 年死後，局勢陷入混亂，其中一名將領托勒密（Ptolemy）決心鞏固自己在埃及的軍權與政權，而「將幣制引入埃及」就成為掌握政權的關鍵。埃及的黃金器物過去雖然隨處可見，又具備豐富的相關知識，卻從未發行過自己的貨幣。托勒密透過建立貨幣制度，成功使亞歷山卓城成為象徵性的政治中心，創造出與尼羅河谷、亞歷山卓城之政權統合的新局面。托勒密將前

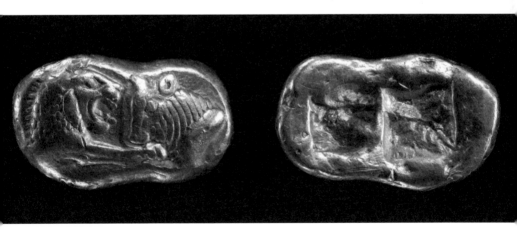

▌西元前第六世紀呂底亞克羅西斯的金幣。

任皇帝亞歷山大的頭像印於錢幣上，藉此強化他統治埃及的合理性；而這也是革命性的一步，雖然之前有些錢幣上面亦印有人物的頭像，但非作為正常流通使用。如今則代表日常的經濟交易，是在象徵名皇帝的政府庇佑下進行。當然，托勒密於西元前 306 年自封皇帝時首次發行的錢幣，上面就印著在世統治者，亦即他本人的頭像。[82]

錢幣必須有人使用才能具備錢的功能，托勒密為了確保他發行的錢幣能夠流通，而禁止埃及使用外幣。法律規定帶到埃及境內的外幣，必須換成托勒密幣，並將它拿去熔化重新鑄幣。在此之前，貿易中使用的任何貨幣，都可在世界上其他地方使用，人們看重的價值在於內含的金屬量，而非錢幣上印的頭像。托勒密頒布的法令除了如前所述具有形塑國家的功能之外，亦兼具經濟功能。由於托勒密幣含金量比其他外幣少，因此每次用埃及幣兌換純度更高的外幣時，都能讓埃及賺取微薄的利潤，導致出現劣幣驅逐良幣的現象，俗稱格萊辛定律（Gresham's Law），即人把摻雜賤金屬的錢幣拿來流通，卻把含量更純的錢幣私藏起來。這套定律雖是以一位十六世紀的英格蘭金融家名來命名，但若是想要用希臘劇作家亞里斯多芬尼茲（Aristophanes）的名來命名也沒什麼不可以，因為他的《蛙》（The Frogs）問世的時間只比托勒密早一百年而已，書中說道：

這城如何對待城裡健全的人呢？
讓我將心中的想法告訴你們。
這巧合悲傷過於有趣，
人待人與對待錢無異。

希臘銀幣多麼高貴、古老，

使我們引以爲榮的金幣，

那些貨真價實（圖案清晰及價值等重）的錢幣

卻已不在世界流通。

雅典那些顧客，

錢包滿是銀包銅的假貨。[83]

　　羅馬是後來興起於地中海地區的強權，雖然文化大多承襲希臘，貨幣制度卻遲遲到西元前 300 年左右才出現。羅馬共和國平常使用銅幣或銀幣，只有遭逢西元前第三世紀晚期的布匿戰爭（Second Punic War）等危機時，才開始發行金幣。開始鑄造金幣，則是在凱薩（Julius Caesar）即位建立帝國之時。當時的凱薩興致勃勃地採行這套做法，到了西元第二世紀中期，已有 60% 以上的羅馬錢幣由黃金鑄造。

　　每段黃金時期都有結束的一天，羅馬的貨幣制度於西元第三世紀解體，原因至今仍未有定論。部分原因或許是跟金礦與銀礦幾乎枯竭、通貨膨脹的措施及錢幣貶值有關，到了克勞狄二世（Claudius Gothicus，西元 268 ～ 270 年在位的）統治時，錢幣裡所含的貴金屬已所剩無幾。君士坦丁大帝則於 312 年即位時，用索利都斯幣（solidus）取代貶值的奧里斯（aureus），後來的一千年由拜占庭與歐洲沿用，成為本位貨幣。我們至今能可在不同方面看到那些影響，特別是法語，如 solde 可同時意指薪資、債務、或販賣，而英語的如 soldier（譯註：「士兵」之意），詞源則可追溯至羅馬傭兵的軍餉。[84]

西元326年，印有君士坦丁大帝頭像的金幣，背面兩條交錯的花環上方有一顆星星。

中國黃金 vs. 中國貨幣

　　位於世界上另一個角落的中國，則是另一個明明國富兵強，卻未建立以黃金為經濟體系中心的有趣例子。中國無疑擁有豐富的黃金，西元前第一世紀司馬遷的《史記》透露出，截至西元前 123 年，漢武帝為獎勵沙場有功的士兵而發給他們的黃金，已逾 425,000 公斤（150 萬盎司），幾乎要虧空朝廷國庫。[85] 史學家班固也於《漢書》中記載，西元 23 年，篡位的王莽擁有的黃金約有 141,750 公斤（500萬盎司）。（西班牙人於 1503 年至 1660 年間，從美洲輸入的黃金約有 600 萬盎司。）[86]

　　這裡特別提及王莽，是因為他發行了金幣（或至少試圖這麼做），打破中國數百年來的貨幣傳統。中國古代各國都有自己的貨幣，從青銅仿貝幣，到刀形或斧頭形的原始幣（proto-coin）都有；只有楚國鑄造過類似金幣的金色貝幣和印有鑄造城市名的金鈑。秦始皇在西元前 221 年統一中國時，為了推廣「銅錢」（cash），廢除地方貨幣，那是一種中間有方孔的圓形銅鑄錢幣，其名或許得自坦米爾語（Tamil），意指錢幣的詞 kāsu。

　　王莽在前朝的末代皇帝在位時主管國庫。身為國庫主管的他，決定做出和托勒密在數千英哩遠的埃及所做的相同事情，即是要求全國上下將黃金上繳朝廷，換取銅錢。掌權之後便終止銅幣流通，使百姓的財產僅值原來手上黃金的 1%。後來更發行近三十種不同面額的錢幣，其中一種稱為金錯刀。王莽強迫散居幅員遼闊的中國百姓以此取代銅錢，但最後仍遭致失敗。不同面額和形狀的錢幣造成

情況混亂，加上眾人對新幣制的不熟悉，導致偽幣易趁虛而入。但即使如此，他仍執意推行計畫，下令凡違抗新制度者都「應被發配邊疆」與惡鬼作戰。直至後來金融制度逼近崩潰，才逼得他不得不撤銷這項計畫。[87]

　　即使王莽鑄造金幣的計畫失敗，也並非意味著中國不看重黃金的價值。家財萬貫的地主和諸侯不但擁有黃金，也會用黃金來進行大型交易，例如王莽迎娶皇后時，嫁妝就包含 12,100 公斤（42,000 盎司）的黃金。[88] 十七世紀作家顏師古也記載道：「以前的黃金如同今日刻有招福字樣的金錠，是以秤斤論兩計算，且形狀統一，由朝廷制定。」[89] 人們以黃金來計算財產多寡，但不是拿買賣用的金幣來計算，而是做成按重量印上等值面額的金錠。舉例來說，西元前 87 年左右，劉寬的陵墓裡有二十塊大金錠，每塊價值相當於一般工人五年半的酬勞。[90]

　　中國與其他國家貿易時也會使用黃金。漢朝初年，朝廷差派宮裡的太監隨船擔任通譯，帶著黃金與絲綢到東南亞國家的港口交易「晶瑩剔透的珍珠、不透明玻璃、罕見寶石與稀奇古怪的玩意兒」[91]。事實上，當時有太多黃金隨著貿易出口至鄰近國家，因此中國曾於西元713 年時，禁止黃金與鐵出口。接下來數百年來，黃金的持有與使用規定更趨嚴格，1340 年有個穆斯林評論家震驚地發現，用金幣根本沒辦法在中國的市集購買任何東西，因為中國已有很長一段時間都使用紙鈔，因此買東西前必須事先把自己的黃金換成紙鈔。這項規定除了能防止國內的黃金外流之外，還能確保黃金流向國庫。[92]

約西元 7 年時，漢朝官王莽發行的金錯刀幣。

金本位制

在十九世紀以前，全世界幾乎都不是使用金幣，而是以銀幣作為本位貨幣，貨幣價值也是以其中的金屬含量而非貨幣面額來衡量。一國鑄造的銀幣能在另一個國家使用，是因為裡面含有白銀，才得以在世界上流通。舉例來說，十八世紀東亞貿易中最常見的貨幣並非中國的銅幣，而是墨西哥的銀幣（silver peso）。

這並不是說，金幣在金本位制出現前無足輕重。中古世紀的歐洲城邦也於本章稍前所談的國家形塑時期，開始鑄造自己的錢幣。佛羅倫斯（Florence）在 1252 年開始鑄幣，他們鑄造的弗羅林（Florin）迅速成為歐洲使用的本位貨幣。不久，法國於 1266 年發行首次鑄造的金幣埃居（écu），威尼斯則於 1284 年仿弗羅林鑄造達克特（ducat）金幣，雖然以目前來看，西班牙銀元八里亞爾幣（the eight-real coin，又稱 pieces of eight，常見於海盜故事中）是西班牙帝國在世界各地擴張時期最常見的面額，但帝國仍發行埃斯庫多（escudo，面額價值相當於舊幣的兩倍）近三百年，此外，相當於兩枚埃斯庫多的比索（pistole）也常用於國際貿易中。

到了十九世紀，世界上多數國家都採用金本位制，換句話說，規定國內貨幣須有固定的含金量。依據國家法令，一法郎（franc）相當於 x 盎司的金，一元相當於 y 盎司的金，以此類推。各國採用金本位的理由各異，大不列顛（Great Britain）的理由是，他們自十八世紀初就已或多或少地實施金本位制，如牛頓（Isaac Newton）在擔任皇家鑄幣廠廠長時，便制定了相關政策，有效將銀幣逐出

流通市場。日本則於 1894～95 年第一次中日戰爭（the first Sino-Japanese War）打敗中國後，迅速躍升世界強權，冀望透過黃金取得貿易與軍事力量的成長；而轉換金本位制不僅會使日圓貶值，亦可藉此鼓勵輸出，增加外國產業投資，使日本更容易向其他國家借款，作為萬一與俄羅斯之間出現衝突（在那之後十年內果然爆發戰爭）時的戰爭基金。戰爭的迫近也逼使俄羅斯採用金本位制，因為兩國都企圖取得大韓帝國（Korea）與滿洲國（Manchuria）的殖民主權，並相信金本位制有助於提供軍事與產業增長的資金。[93]

　　這套理論的意思是，全球的一切都會相互制衡，因為當國家的輸入大於輸出時，黃金會流出國外，導致國內價格下跌，促使製造業者與商人更容易將該國商品販售至海外，這意味著亦將會有更多的黃金回流。經濟史學家史蒂芬‧布萊恩（Steven Bryan）也說：「英國的理論常認為，中央銀行和國庫只會呆坐一旁，看著黃金自由地從國家流進流出。黃金不是填滿銀行金庫，就是在金融恐慌時期被提領出來，造成通貨膨脹或緊縮。」[94]

　　然而，理論與實際情況往往是兩回事。人民處處受到全球經濟平衡的微妙作用影響，但在日常生活中卻又絲毫感受不到。當一個國家的小麥歉收造成金融毀滅和蕭條，而另一個國家的小麥豐收帶來金融繁榮，即使經濟學家認為這是一種全球的經濟動態平衡，對蒙受經濟損失的小麥農來說仍無法感到安心。中央銀行此時理應透過本位制度，使那股會神祕地導正一切的「自然力量」（automatic forces）發揮作用。當然，銀行介入的方式包含生息或降息，以緩和小麥歉收等事件的打擊，或使利息飆升，以防其他國家利用借債導

致本國黃金過度外流，這些都是英格蘭銀行於 1873 年的全球金融危機時所實施的措施。

國家要轉而實施金本位制，絕非毫無爭議的政策。美國於 1873 年通過鑄幣法案（Coinage Act），停止使用銀幣，從此真正改採金本位制，卻引發激烈爭論。民粹學者痛批這是「七三年法案之罪」，主張回歸金銀雙本位制，才能增加貨幣供給並帶來繁榮，尤其是在 1893 年發生金融恐慌（the Panic of 1983），導致美國經濟跌到谷底後更是如此。威廉‧詹寧斯‧布萊恩（William Jennings Bryan）曾三次代表民主黨（Democratic Party）競選總統，1896 年時，他因這些議題順勢參與第一次競選，在民主黨全國代表大會（Democratic National Convention）上演講時，更大聲疾呼：「各位不該把人釘在黃金的十字架上」。選舉中，他輸給了威廉‧麥金利（William McKinley）。後來威廉‧麥金利在 1900 年簽署了金本位法案（the Gold Standard Act），正式讓這件事成為事實。

只要大家同意遵守相同的遊戲規則，通常制度都能順利運作，但第一次世界大戰改變了一切。1914 年夏天，斐迪南大公（Archduke Ferdinand）遇刺之後，歐洲國家出現一股銀行業恐慌潮。英國擔心自己被捲入這場災禍，導致股票交易崩盤，而當時身為世界金融中心的英國，其經濟和黃金儲備實際上就是金本位制度的骨幹。英國當局迅速砸下重金，實施一連串的措施來阻擋這場災難，包含用少數黃金儲備支付債權人、發行紙鈔，並禁止將紙鈔換成黃金。這些用來維持貨幣流通的低額紙鈔深得民心，因此越來越多黃金流入國庫的戰爭基金，方便國家進行海外重大軍事採購。英國為了因應緊

急情況，以非正式但實質的方式，為金幣在國內流通七百年劃下句點，終結了短命的金本位制。

從國際層面來看，交戰國為了支應戰爭所需而不斷印製新鈔，捨棄金本位制。即使有國家想繼續使用黃金，仍可能因滿布地雷與德國潛艇的緣故，幾乎無法安全地將黃金運至海外，這些都是造成

1652 年潘普洛納（Pamplona）鑄造的八埃斯庫多（eight-escudo）金幣。

制度窒礙難行的實際因素。通貨膨脹四處蔓延，導致各國政府崩潰、
債台高築。1918 年戰爭結束後，政府曾猶豫是否要恢復金本位制，
可惜此舉注定失敗。經濟史學家格林・戴維斯（Glyn Davies）表示，
英國打算透過激烈通貨緊縮的手段恢復金本位制，似乎等同「是有
計劃要將……經濟釘在過時的黃金十字架上」，這段話與布萊恩那

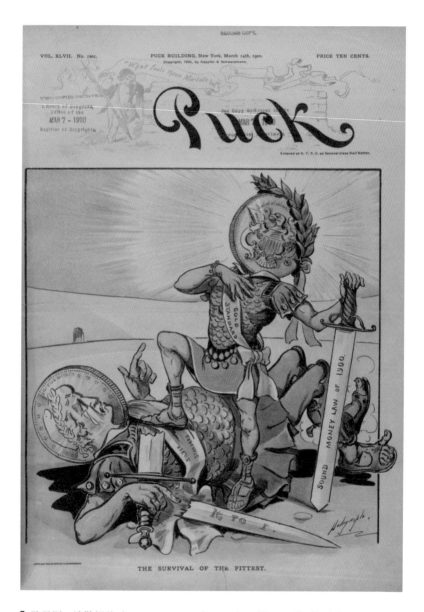

▌路易斯・達勒姆普（Louis Dalrymple）1900 年 3 月 14 日於《帕克》（*Puck*）刊載的「適者生存」（The Survival of the Fittest）：「金本位」角鬥士戰勝「銀本位」。

UNDER EXECUTIVE ORDER OF THE PRESIDENT

Issued April 5, 1933

all persons are required to deliver

ON OR BEFORE MAY 1, 1933

all GOLD COIN, GOLD BULLION, AND GOLD CERTIFICATES now owned by them to a Federal Reserve Bank, branch or agency, or to any member bank of the Federal Reserve System.

Executive Order

FORBIDDING THE HOARDING OF GOLD COIN, GOLD BULLION AND GOLD CERTIFICATES.

By virtue of the authority vested in me by Section 5(b) of the Act of October 6, 1917, as amended by Section 2 of the Act of March 9, 1933, entitled "An Act to provide relief in the existing national emergency in banking, and for other purposes", in which amendatory Act Congress declared that a serious emergency exists, I, Franklin D. Roosevelt, President of the United States of America, do declare that said national emergency still continues to exist and pursuant to said section do hereby prohibit the hoarding of gold coin, gold bullion, and gold certificates within the continental United States by individuals, partnerships, associations and corporations and hereby prescribe the following regulations for carrying out the purposes of this order:

Section 1. For the purposes of this regulation, the term "hoarding" means the withdrawal and withholding of gold coin, gold bullion or gold certificates from the recognized and customary channels of trade. The term "person" means any individual, partnership, association or corporation.

Section 2. All persons are hereby required to deliver on or before May 1, 1933, to a Federal reserve bank or a branch or agency thereof or to any member bank of the Federal Reserve System all gold coin, gold bullion and gold certificates now owned by them or coming into their ownership on or before April 28, 1933, except the following:

(a) Such amount of gold as may be required for legitimate and customary use in industry, profession or art within a reasonable time, including gold prior to refining and stocks of gold in reasonable amounts for the usual trade requirements of owners mining and refining such gold.

(b) Gold coin and gold certificates in an amount not exceeding in the aggregate $100.00 belonging to any one person; and gold coins having a recognized special value to collectors of rare and unusual coins.

(c) Gold coin and bullion earmarked or held in trust for a recognized foreign government or foreign central bank or the Bank for International Settlements.

(d) Gold coin and bullion licensed for other proper transactions (not involving hoarding) including gold coin and bullion imported for reexport or held pending action on applications for export licenses.

Section 3. Until otherwise ordered any person becoming the owner of any gold coin, gold bullion, or gold certificates after April 28, 1933, shall, within three days after receipt thereof, deliver the same in the manner prescribed in Section 2; unless such gold coin, gold bullion or gold certificates are held for any of the purposes specified in paragraphs (a), (b) or (c) of Section 2; or unless such gold coin or gold bullion is held for purposes specified in paragraph (d) of Section 2 and the person holding it is, with respect to such gold coin or bullion, a licensee or applicant for license pending action thereon.

Section 4. Upon receipt of gold coin, gold bullion or gold certificates delivered to it in accordance with Sections 2 or 3, the Federal reserve bank or member bank will pay therefor an equivalent amount of any other form of coin or currency coined or issued under the laws of the United States.

Section 5. Member banks shall deliver all gold coin, gold bullion and gold certificates owned or received by them (other than as exempted under the provisions of Section 2) to the Federal reserve banks of their respective districts and receive credit or payment therefor.

Section 6. The Secretary of the Treasury, out of the sum made available to the President by Section 501 of the Act of March 9, 1933, will in all proper cases pay the reasonable costs of transportation of gold coin, gold bullion or gold certificates delivered to a member bank or Federal reserve bank in accordance with Sections 2, 3, or 5 hereof, including the cost of insurance, protection, and such other incidental costs as may be necessary, upon production of satisfactory evidence of such costs. Voucher forms for this purpose may be procured from Federal reserve banks.

Section 7. In cases where the delivery of gold coin, gold bullion or gold certificates by the owners thereof within the time set forth above will involve extraordinary hardship or difficulty, the Secretary of the Treasury may, in his discretion, extend the time within which such delivery must be made. Applications for such extensions must be made in writing under oath, addressed to the Secretary of the Treasury and filed with a Federal reserve bank. Each application must state the date to which the extension is desired, the amount and location of the gold coin, gold bullion and gold certificates in respect of which such application is made and the facts showing extension to be necessary to avoid extraordinary hardship or difficulty.

Section 8. The Secretary of the Treasury is hereby authorized and empowered to issue such further regulations as he may deem necessary to carry out the purposes of this order and to issue licenses thereunder, through such officers or agencies as he may designate, including licenses permitting the Federal reserve banks and member banks of the Federal Reserve System, in return for an equivalent amount of other coin, currency or credit, to deliver, earmark or hold in trust gold coin and bullion to or for persons showing the need for the same for any of the purposes specified in paragraphs (a), (c) and (d) of Section 2 of these regulations.

Section 9. Whoever willfully violates any provision of this Executive Order or of these regulations or of any rule, regulation or license issued thereunder may be fined not more than $10,000, or, if a natural person, may be imprisoned for not more than ten years, or both; and any officer, director, or agent of any corporation who knowingly participates in any such violation may be punished by a like fine, imprisonment, or both.

This order and these regulations may be modified or revoked at any time.

THE WHITE HOUSE,
April 5, 1933.

FRANKLIN D ROOSEVELT

For Further Information Consult Your Local Bank

GOLD CERTIFICATES may be identified by the words "GOLD CERTIFICATE" appearing thereon. The serial number and the Treasury seal on the face of a GOLD CERTIFICATE are printed in YELLOW. Be careful not to confuse GOLD CERTIFICATES with other issues which are redeemable in gold but which are not GOLD CERTIFICATES. Federal Reserve Notes and United States Notes are "redeemable in gold" but are not "GOLD CERTIFICATES" and are not required to be surrendered

Special attention is directed to the exceptions allowed under Section 2 of the Executive Order

CRIMINAL PENALTIES FOR VIOLATION OF EXECUTIVE ORDER
$10,000 fine or 10 years imprisonment, or both, as provided in Section 9 of the order

Secretary of the Treasury.

U.S. Government Printing Office: 1933 2-16064

▌羅斯福 1933 年頒布的六一〇二行政命令。

場著名的演說相呼應。[95] 到了 1921 年底，物價下跌，英國失業率高達 18%。然而，儘管經濟學家凱恩斯（John Maynard Keynes）在 1925 年已預先警告說：「英國民眾或許就是為了不久的將來能永遠除之而後快，才會甘願受到黃金軛的束縛。」[96] 英國仍急著恢復使用黃金。

到了大蕭條時期，全世界終於擺脫了枷鎖；有些經濟學家認為大蕭條越演越烈的原因，可能就是金本位制使得政府無法為了振興經濟、發行更多紙鈔而導致。美國屏棄金本位制的方式，使我們重新意識到錢在政府權力運作中扮演著核心的角色，反之亦然。1933 年，羅斯福總統（President Franklin Delano Roosevelt）效法托勒密一世與新帝王莽，頒布六一○二行政命令（Executive Order 6102），除了首飾或古幣收藏等少量黃金外，禁止黃金私有。人民必須將黃金繳交至美國聯邦準備理事會（the Federal Reserve），以每盎司（28.4 公克）20.67 美元的價格收購黃金，因此獲得 28 億美金的意外之財。[97] 羅斯福的行政命令震驚各界，包含美國鑄幣局（U. S. Mint）於 1933 年就已鑄造的 50 萬枚面額 20 美元雙鷹金幣（gold double eagles），這些金幣從未進入市場流通，1937 年被全數熔化，僅有兩枚贈予史密森尼學會（Smithsonian），供後世留存，但事實真是如此嗎？

第二次世界大戰後，世界領袖為了極力避免再次落入兩次世界大戰之間的混亂情況，而建立了布列敦森林體系（Bretton Woods system），這種體系與金本位類似，更確切的名稱為金匯本位制度（gold exchange standard）。國際貨幣基金組織（International Monetary Fund）會員國，均同意固定各國貨幣對比美元的匯率，美國也同意維

持每盎司黃金 35 美元的匯率，因此只有美元直接受到黃金的約束。世界貿易增長與美國的經濟擴張造成一個常見的情況，即至 1959 年，流通的美元比回堵的黃金還多，因此尼克森總統（President Richard Nixon）於 1971 年直接片面終止布列敦森林體系。[98]

雖然 2012 年芝加哥大學（University of Chicago）全球市場倡議（Initiative on Global Markets）的調查顯示，沒有任何經濟學家希望回歸金本位制度，但這場至今仍爭論不休的話題，恐會持續下去。美國前眾議員也是 2012 年共和黨提名的總統候選人榮·保羅（Ron Paul），雖然代表美國極右翼的邊緣立場，卻說服了共和黨致力研究如何恢復過去金本位制。

亨利·萊特菲爾德（Henry Littlefield）是高中歷史老師，他曾透過文學註腳來討論金本位制。他於 1964 年主張，李曼·法蘭克·鮑姆（L. Frank Baum）這位深受眾人喜愛的童書作者，在《綠野仙蹤》（*The Wonderful Wizard of Oz*）裡用金磚路象徵黃金的地位，暗藏金本位制的寓意。這論點確實很吸引人，但真實性不高，因為萊特菲爾德誤解了鮑姆當時對於這個議題的立場，但多數人仍抱持這種想像，因此這可作為經濟課堂中很有幫助的思想練習題材。這本於 2015 出版的書籍，也曾在花旗集團贊助策展的大英博物館「錢幣展」（Money Gallery）中展示。[99]

接著再來談談雙鷹金幣的事情，原來當初並未將整批金幣拿去熔化。羅斯福頒布行政命令後出現的一連串轉折、變化與國際陰謀，可說是史上最暢銷的離奇驚悚片。溫文爾雅的喬治·麥肯（George McCann）是一名出納員，他以偷天換日的手法，用前幾年鑄造的其

他雙鷹金幣，換走了至少 20 枚要被熔化的金幣；因為餘額並未受到影響，直到 1944 年其中一枚金幣進入拍賣會後，才使盜竊案曝光。當時法蘭克·威爾森（Frank Wilson）受邀調查此案，他曾帶頭調查某個案件，使艾爾·卡彭（Al Capone）銀鐺入獄，也破獲林白小鷹的綁架案（Lindbergh Baby kidnapping case）。威爾森於後續八年的調查中又找出其他八枚遭竊的雙鷹金幣，皆全數由美國特勤局（Secret Service）當作失竊財產沒收，僅一枚除外。

那一枚後來變成埃及王法魯克（King Farouk of Egypt）的珍藏，美國透過外交手段呼籲歸還，卻屢次遭到拒絕。金幣在 1952 年埃及王法魯克遭到罷黜時，短暫出現於出售場合中，且在美國特勤局清楚表明要充公之後再度消失，經數十年後才又隨著錢幣商人史蒂芬·芬頓（Stephen Fenton）出現。原本芬頓想把金幣帶到美國出售，沒想到買主竟是美國特勤局的臥底；芬頓被起訴，經過多年訴訟，他與美國政府取得共識，同意拍賣金幣，收益平分，最後在 2002 年以逾 750 萬美元的價格售出，並退還美國鑄幣局 20 美元，補償喬治·麥肯這樁竊案的損失。[100]

故事似乎到這裡就結束了，但就在 2001 年，以色列·斯威特（Israel Switt）的後代子孫又在被遺忘已久的保險箱裡，發現另外十枚在 1933 年鑄造，經麥肯於 1930 年代售予或贈予的雙鷹金幣。他們將金幣送到費城鑄幣廠（Philadelphia mint）鑑定真偽後，被政府以失竊財產沒收。斯威特家提起訴訟，聯邦法庭判決他們輸了這場官司。截至本書寫作為止，都沒再發現任何雙鷹金幣，但未來會如何，又有誰知道呢？[101]

第 4 章──金藝求精

　　黃金數千年來經過專業職人的巧手,被做成各式各樣的文物,包含飾品、宗教用品,權力象徵和貨幣。黃金裝飾具有突顯的功能,使其更加閃亮。珠寶商用黃金來布置寶石與其他貴重物品,例如:近代歐洲的珠寶商會把工藝品、椰子、鴕鳥蛋等異國商品貼上黃金,如此一來,收藏家就能隨心所欲地改造。而日本的金繼(kintsugi)藝術更是把黃金作為陶瓷破損的接合劑,用金色接合線美化破損處。此外,在某些許多文化裡,人們會在建築內外包覆黃金,以歌頌王公貴族或神明。古代美索不達米亞的金匠,早已開始使用某種方式來鍍金,即在下層表面雕出凹槽以固定金箔。中國金匠大約在西元前第四世紀時,發展出火法鍍金(fire-gilding)的技術,以化學方法將更薄的金箔黏在青銅或其他金屬上;羅馬帝國雕刻家為雕塑鍍金時,也是採用這種技術。倫敦大火紀念碑(Monument to the Great Fire of London)就是近代應用羅馬傳統方式的其中一例,碑上用的骨灰罈即是青銅鍍金。

　　數百年來,人們將黃金用於衣飾、皮件、玻璃和書頁之中。如我們所知,抄寫員和彩飾手抄本的彩繪師會用黃金來美化文字與插圖,使手抄本變得相當華麗。中國更早,在古代就已做出灑金紙(gold-splashed paper)。[102] 紡織工人除了用金線織成布和縫製玉衣

▌以混合金粉的金繼法修補碎片的茶碗。

之外，也會用來繡小錢包與官服，甚至織成掛毯。教堂與清真寺亦會以黃金黏玻璃製成的鑲嵌物來製作鑲嵌畫，和裝飾建築物內部。有的玻璃器皿及其他文物也會被鍍上黃金，自古即有的黃金夾層玻璃就是將黃金夾在兩層玻璃中間。威尼斯的玻璃工匠鍍金方式，是在吹製熔化的玻璃前或待成品冷卻後，黏上金箔或甚至灑上金珠。伊斯蘭世界的皮匠長久以來會以黃金來加工皮革，十五世紀時，波斯及北非的藝術家將這項技術引進義大利，後來風靡歐洲，更盛行於書籍裝訂業。這些技術使經黃金裝飾過的物品，表現出尊貴與（經濟與其他各方面的）價值。黃金比它裝飾的多數物品都更神聖且昂貴，這點稍微能夠解釋黃金多以此用途為主的原因，因為許多人雖

克里斯多佛・雷恩爵士（Sir Christopher Wren）於 1677 年所做的倫敦大火紀念碑（Monument of the Great Fire of London）細部。

▎西元第四世紀羅馬的玻璃杯，杯底以玻璃夾金（Zwischengoldglas）技術貼出兩
名聖徒的圖像。

然買不起全由貴金屬製作的物品，卻能負擔少許以黃金製作的物品。因此不難理解為何數千年來，專業藝術家採用全部或主要用黃金來設計他們的作品。

黃金的藝術性在不同文化及時代中皆有不同的意義，在歐洲四處征服的時代，到處謠傳原住民會用黃金換玻璃珠，以及其他西班牙人棄若敝屣的東西。有些歐洲人覺得他們似乎無法理解黃金的珍貴，因此相信這代表美洲原住民太過天真，甚至以此作為不把他們當作人來尊重的藉口。另一些人則把原住民理想化，認為他們尚未因為貪婪而麻木和腐化，屬於「黃金時代」。但巴拿馬的其中一則軼事傳說，卻暗示事情並非如此。據說卡莫格（Comogre）酋長的兒子看到西班牙人把原住民工匠的手工藝品熔化時，曾大喊說：

> 你們基督徒在做什麼？這少少的黃金有如此珍貴嗎？你們竟把這些黃金熔成一錠錠的金子，摧毀了這些項鍊的藝術之美，那些粗製黃金如果沒有經過技工之手，雕琢成賞心悅目或方便好用的花瓶，在我們眼中不過是一塊黏土。[103]

假若卡莫格酋長之子的傳說，不只是某個歐洲觀察家的投射，特意用來批評其他歐洲人的話，就顯示美洲有一族原住民相當看重黃金，他們的確認為黃金很珍貴，但只有經過老練的藝術家精雕細琢，黃金才能展現出象徵性的價值，這與黃金工藝創作是隨著歐洲人引進美洲的觀點相互矛盾。黃金的貨幣價值在歐洲高於一切，卻仍比不上精巧的工藝品，甚至往往略遜一籌。我們甚至很難相信會有人願意費

■ 十五世紀末威尼斯的金珠鍍金翡翠玻璃酒杯，上面有一名未
婚夫畫像。

約 1600 年的伊朗薩非王朝（Safarid Iran），法里德・丁・阿塔爾（Farid al-Din Attar）以黃金加工的皮革裝訂《群鳥之語》（*Mantiq al-Tayr*）手抄本。

盡心力將黃金做成物品，因為黃金暫時無法進入經濟體系流通，若最後必須將基礎材料拿去熔化，除了無法長久保存，更是一種浪費。若是藝術家的開價高於材料本身的價值，甚至是這貴金屬的法定市場價值可能高於貨幣本身價值時，有時聽來純粹就是詐欺。

黃金不僅具有貨幣價值，又象徵宗教和權力，這些意義之間的關係原本就錯綜複雜，若再加入工藝製作層面的討論，更是盤根錯節。對於卡莫格酋長之子而言，沒有經過工藝師巧手雕琢的黃金，價值與世界上其他產品無異。手工藝品的附加價值與歐洲高經濟價值的黃金相較，顯得微不足道；但有時並非如此，若有藝術家能透過作品提升黃金的價值，就會被視為非常特殊的成就，甚至令人嘖嘖稱奇。義大利文藝復興時期的建築師及作家菲拉雷特（Filarete）形容皮耶羅·麥迪奇（Piero de' Medici）的古董金牌收藏時，曾以讚嘆的口吻說，黃金原本就已超越世上其他萬物的價值，再經古代工匠巧手，為黃金創造出「比它本身更高的價值」，這些作品「彷彿來自天上，而非人手所造」。[104] 但歐洲的工藝師並非透過技藝創造出黃金的價值，頂多只能提升黃金的價值而已。

美洲早期的象徵意義與材料

中古世紀末的《貝里公爵的豪華時禱書》（*Très Riches Heures du duc de Berry*）彩飾手抄本，以金箔裝飾光環、邊框、背景及重點，這在此類書籍中很常見。書中的一月曆十分著名，畫裡有各種金器與金飾，包含盛裝的餐具或香料，例如形狀像船的器皿，稱為船型

▌《貝里公爵的豪華時禱書》彩飾手抄本其中一頁，林堡兄弟（Limbourg Brothers，活躍於西元 1399 ～ 1416 年間）於上等皮紙以顏料和黃金製作的《一月：貝里公爵的盛宴》（*January: The Feast of the Duke of Berry*）。

桌飾（nef），在在都展現出法國公爵時髦庭園環境的那種氣派。像
丟勒（Albrecht Dürer）這種十五世紀末被訓練成金匠的藝術家，應
該早就對這種金光閃閃的豪華排場頗為熟悉。然而，當這名德國藝
術家看到這些輾轉從西班牙來到布魯塞爾（Brussels）哈布斯堡宮廷

西元前 1500 年左右，在安地斯地區北部高地有個重要的宗教朝聖地遺址，查文一詞不僅源自於此，更成為某種工藝品風格的標記，用以稱呼西元前 900 至 200 年間流行的樣式與技術。瓊戈亞佩（Chongoyape）及昆圖爾瓦西（Kuntur Wasi）這兩大墓地，都有許多精細複雜的手工藝品出土，包含護胸、垂墜耳環、頸甲、大耳飾（ear spools）、鼻環、頭飾、縫在衣服上的牌飾等個人飾品，以及金鼻毛夾和金鼻煙杓等個人奢侈品。查文的金屬工匠技巧爐火純青，他們熟知如何運用合金、打磨、鍛燒、熔焊（將接合端加熱至熔點，以製造接點）及軟焊（介入另一件熔化金屬，使兩個焊接件「黏附」）技術。其中一對查文臂帶上的浮雕圖案，靈感或許就是來自於紡織圖案。這種基本圖案示範了何謂查文的「倒生」（anatropic）風格，只要反轉 180 度，正中間的正面圖案就會變成另外一種動物。[108]

西班牙人占領美洲之前，美洲的冶金技術以活躍於西元前 600 年至西元 400 年的厄瓜多拉托利塔（La Tolita）工藝師的白金工藝最為出類拔萃。火的溫度在現代化前，無法高達白金攝氏 1768 度（華氏 3214 度）的熔點，至多只能達到黃金攝氏 1064 度（華氏 1947 度）的熔點。拉托利塔的金屬工匠將黃金與白金相互結合時，運用的是當時歐洲尚未知的粉末冶金或「燒結」技術。他們為了做出形似白金又得以熔化的金屬，而將兩種金屬做成微小的顆粒，交替錘打並一起加熱，直到黃金顆粒「套住」每一個白金顆粒，最後做出像黃金一樣能進行加工的均質合金。[109]拉托利塔的工藝師藉由靈巧的手藝，將黃金與形似白金的合金兩兩成對，創造出對比明顯的視覺效果。這種技術在西班牙征服美洲之後遭人遺忘，直到十九世紀才重

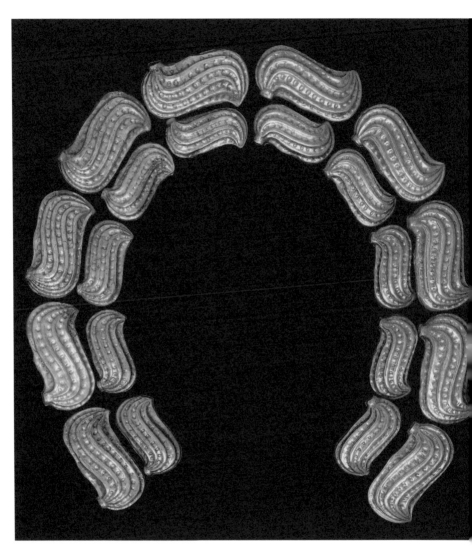

▌約西元 300 年祕魯西潘第一墓穴所發現，以黃金、白銀和黃銅製作的莫切花生串珠項鍊。

新復甦，形成現代粉末冶金技術的基礎，而經常用於各種產業，尤其是電子學產業。

莫切文明（Moche）接續祕魯的查文文化，成為安地斯地區西元第一至第八世紀左右的主要文明。莫切的冶金術使用的是黃銅、白銀與黃金。1980 年在西潘（Sipán）挖到的莫切王室墓穴，因擺放的身分地位與性別不同，遺體與金屬擺放的相對位置也不同，這些差異突顯出金屬之間象徵性的關係。科學家與考古學家海瑟・萊特曼（Heather Lechtman）結合冶金術分析與文化詮釋指出，黃金代表男性，放在遺體右邊，白銀代表女性，放在遺體左邊。舉例來說，他們用當時主要作物——花生製作成金屬項鍊，把金花生戴在遺體右邊，銀花生戴在遺體左邊。位居象徵體系裡第三位的黃銅，則大多給了女性、兒童及高階僕役配戴。[110] 西班牙征服美洲後整理出多篇神話，其中一個故事說道，天上的太陽為了創造人類，分別將金、銀、銅三顆蛋送到地上，黃金代表男性貴族、白銀代表貴族之妻，黃銅代表平民。[111]

這三種金屬常以合金形式出現，花生項鍊上的「金」、「銀」這兩種金屬，其實都是以三種金屬為基礎所做的三元合金（一種稱為銅金合金〔tumbaga〕的材料）。這些合金的熔點（熔合點）都很低，因此比純金、純銀或純銅更方便加工。安地斯地區的金匠為了使黃金表面發出光澤，運用損耗鍍金（depletion gilding）的技術，以化學方法去除表面的其他金屬（可能是用植物汁液或臭酸尿液的酸去除黃銅，或是用鹽或硫酸鐵去除白銀），再將布滿坑洞的黃金表面拋光，使表面變得平滑。若只是希望物體表面呈現金色，又要

▌菲利佩・瓦曼・波馬・德・阿亞拉著作《第一部編年史及良好的政府制度》（1615 年）庫斯科地圖。

保存更有價值的金屬的話，只需用其他金屬製作，再鍍上薄薄一層熔化過後的黃金即可。透過這種製作方式將黃金熔入成品之中，反而更能反映出某種價值，因為工藝師並未將黃金藏在裡面，而

是在改造過後顯出其價值。如萊特曼所說，「或許『技藝的本質』
（technological essence）在於使人能一眼看穿物品內部結構的想法，
且與安地斯地區的基礎觀念有關，當地人認為世上一切有形之物都
有神所賦予的生命」。[112]

到了印加帝國晚期，他們占領各地之後，從各個角落召集工藝
師，做出大批貴金屬器物，數量多到考古學家竟然還能在挖出的垃
圾坑當中，發現不少遭到棄置的金屬器物。[113] 印加人有複雜的貿易
網絡及政治結構，雖然並未（像阿茲特克人的納瓦特爾語〔Nahuatl〕
那樣）發展出歐洲人能夠理解的書寫文字，但已會用奇普（quipu）
法結繩記事；繩結可能代表文字，也可能代表數字。印加人似乎承
襲了安地斯地區前人發展的三元金屬觀，雖然經過西班牙的征服後，
僅有安地斯地區黃金的紀錄留存至今，但我們還是仍能從當代的文
字得知：印加人將神廟的牆都塗上黃金白銀，上面還有真人尺寸的
黃金神像與其他金器。[114] 佩德羅・希耶薩・德里昂（Pedro de Cieza
de León）於十七世紀的著作《祕魯編年史》（*Chronicle of Peru*）中
提到，在庫斯科（Cusco）的太陽神殿（Coricancha）裡：

> 他們也有一座由一塊一塊純金打造而成的花園，這裡遍布人造的
> 金玉米，無論是玉米梗、玉米葉，或是一根根的玉米，全都是黃
> 金打造……。除此之外，亦有二十餘隻金綿羊〔或許是指羊駝〕
> 和小羊，牧羊人攜帶的投石器和牧羊人杖亦皆由黃金製作。[114]

編年史學家菲利佩・瓦曼・波馬・德・阿亞拉（Felipe Guamán

穆伊斯卡文化的「穆伊斯卡筏」，製作年代約介於西元 600 至 1600 年之間。

Poma de Ayala）是西班牙占領後第一代出生的印加人，他同時懂得蓋丘亞語及西班牙語（Quechua-Spanish）。阿亞拉在其著作《第一部編年史及良好的政府制度》（*Nueva corónica y buen gobierno*）裡的庫斯科地圖上，明顯標出太陽神廟（寫成 curi cancha）的位置。藝術史學家亞當‧赫林（Adam Herring）認為：

印加人會透過各種轉喻，用許多同義詞來形容閃爍的光芒、黃

金表面閃閃發光，以及像矛一樣的器械，最後主要以太陽光稱之。對於整個安地斯地區的人而言，任何光芒、微光、反光、閃光、亮光及鮮豔色彩等強烈的視覺效果，皆屬於莊嚴的神聖景象。[116]

　　祕魯人雖然知道如何鑄造熔化後的金屬，卻偏好先將金屬一件一件拿來錘打，再用銲錫組合起來；哥倫比亞的金匠則是比較注重鑄金。穆伊斯卡族是哥倫比亞中部的一個部落同盟，他們用貴金屬做各種尺寸的金屬人形或動物像（tunjos），以作為供品獻給神明，刻劃出穆伊斯卡的獻祭儀式，導致黃金國之名不脛而走的穆伊斯卡筏，就是其中之一。由祭司一一指示：該製作哪些供物，並將做好的供物放到土製的貢盤中。通常這類手工藝品都是由各種金銅合金製作，以銲錫的方式將裝飾用的細線焊接上去，使人乍看以為是金屬細絲作品（與第 102 頁的聖派翠克聖龕上面的裝飾鑲板相較，有異曲同工之妙）。但穆伊斯卡的供物卻是在模內以脫蠟鑄造法製作，因此有時又稱為「偽金屬細絲」。運用脫蠟鑄造法的工藝師，會做出與成品形狀相同的蠟模，放入土模裡，塗上黃金後加熱，讓模具中熔化的蠟從「澆口」流出，就能用這個模具將熔化的金屬做成任何東西。穆伊斯卡金器上類似細絲（原本是蠟製）的部分，形成了清晰的直線與線性紋飾。耐人尋味的是，工藝師對於成品外貌似乎並沒有特別在意，雖然他們必定為了蠟模的設計費盡不少心思，卻沒有把成品拋光，也未去除明顯的紕漏及鑄造過程中所遺留的通道殘渣。[117] 許多哥倫比亞的黃金工藝品上會掛上配件，是為了讓物品

▌ 1505 年吉昂・克里斯托弗羅・羅曼諾（Gian Cristoforo Romano）以黃金與貴金屬製作的伊莎貝拉・埃斯特（Isabella d'Este）黃金肖像獎牌。

在移動時使人更活靈活現、發出叮噹聲或閃耀光芒而設計的。

黃金工藝後來傳入墨西哥及整個中美洲,而且應該是由厄瓜多的金屬工匠於十七世紀時經海路傳入墨西哥西部的。[118] 塔拉斯卡人(Tarascans)、馬雅人(Maya)及阿茲特克人於後續數百年內,亦或多或少發展出一些黃金工藝技術。墨西哥南部與中美洲的馬雅文化遺留下許多非常漂亮的金器,除了奇琴伊察(Chichen Itza)聖井(Sacred Cenote)出土的浮雕金盤(約西元 800 年～ 1100 年之間)之外,還可能有原本在某尊雕像上的面飾,其面部的眼、口都是幾何圖形,以及羽蛇及象形繭飾品。在墨西哥南部與馬雅人相鄰的米斯特克人,也於西班牙人占領美洲前發展出完整的脫蠟鑄造法。西班牙人在阿茲特克帝國(曾占領過米斯特克部分疆域)發現的金器,其實有許多是由米斯特克工匠,因重現哥倫比亞穆伊斯卡族的偽金屬細絲而製作成的。阿茲特克帝國時代的米斯特克手工藝品可謂驚為天人,讀者於第一章看到的護胸即是其中一例。

無論是米斯特克或阿茲特克的金器,都與印加金器一樣使歐洲人讚賞不已。我們已見識過丟勒對於那些金器的反應。弗伊·托里比歐·德·莫多里尼亞(Fray Toribio de Motolinia)看了米斯特克的金器後,也曾寫道:

> 他們的技術超越歐洲的金匠,能憑著神予其技的技巧鑄造出頭、舌和手腳都能轉動的鳥。拿只玩具放在手掌心上,似乎就能隨之起舞,甚至做出含銀量超過一半的魚;這隻魚不僅鱗片完整,並且金鱗、銀鱗交錯,西班牙金匠若能親眼目睹,必然大感驚異。[119]

▌ 克里斯圖斯（Petrus Christus）1440 年木製油畫《店舖中的金匠，或稱聖埃利吉烏斯》（*A Goldsmith in His Shop, Possibly Saint Eligius*）。

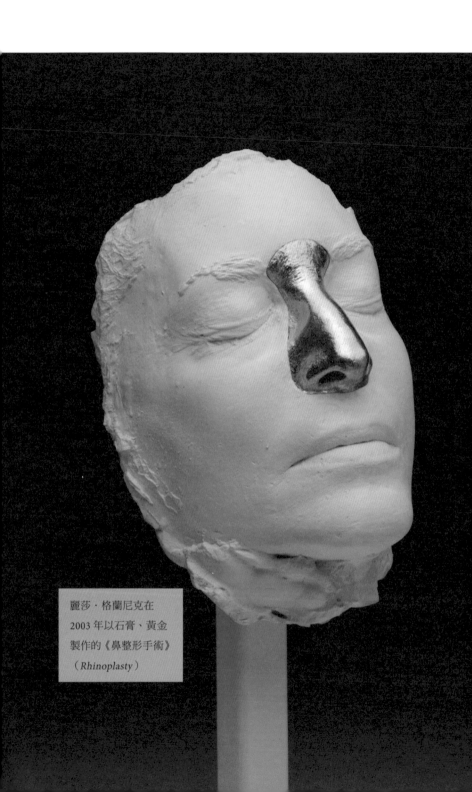

麗莎・格蘭尼克在
2003 年以石膏、黃金
製作的《鼻整形手術》
（*Rhinoplasty*）

埃爾南・科爾特斯（Hernán Cortés）也持相同意見，他在一封寫給查理五世的信中，形容阿茲特克「黃金與白銀……的鍛造工法如此自然，簡直足以擊敗世上所有金屬工匠」。[120] 莫多里尼亞、科爾特斯和丟勒看過的金器銀器，大多已化為烏有，真切且確實地因其貨幣價值遭到銷毀，僅有幾件早期自中南美洲帶回的文物得以在歐洲保存下來，當然這當中的金器少之又少。[121] 由於黃金的物理特性緣故，所以即使製作成成品，仍能輕易改變形狀，只要透過熔化、重鑄，就能在幾乎無損材料價值的情況下反覆重製。不僅歐洲人如此認為，迦納王國（Ghana）的王室就曾下令，人民每年都要在地瓜祭（Yam Festival）的前夕，將自己的金飾熔化重做。如此一來，不僅能達成政治目的，消除可能帶來麻煩的昔日象徵，也可作為國王向人民抽重鑄稅的藉口。歐洲也是如此，統治者常把製作精美的金器，用來作為填補經濟危機缺口（多為戰爭引起的）之物。金匠大師科隆的古斯曼（Gusmin of Cologne）親手製作了一些精美金器，卻無一倖存。羅倫佐・吉貝提（Lorenzo Ghiberti）在其著作《評述》（Commentaries）中提到，古斯曼親眼目睹自己的作品全數遭到熔毀之後，自此絕望地退隱山林。[122] 即使是用於宗教信仰的金器，也逃不了被熔毀的命運。德國美因茲（Mainz）曾有一尊重達 272 公斤（600 磅）的耶穌被釘十架鑄金像，被稱為「貝納十架」（the Benna Cross），一開始先遺失了其中一隻腳，接著再佚失一隻手臂，事件甚至牽連到兩名主教，最後這尊金像於 1161 年時，從頭到腳都被熔毀了。[123]1673 年，洛雷托聖母殿（the Shrine of Madonna of Loreto）以應將那些「毫無用處的紀念物與見證至聖的多餘之物」

1333 年西蒙尼・馬提尼以金、木繪製的蛋彩畫《聖母領報和聖瑪加利與聖安沙諾》（*Annunciation with Saints Ansano and Margaret*）。

改造成為「更有用之物」為由，[124] 將多數信徒還願時所奉獻的金器（ex voto，信徒為感謝聖母行神蹟而贈予教會之物）熔毀。

若近代歐洲人甘心把自己的金器熔化做成貨幣，應該會更積極地熔化在美洲發現的金器，而且多數是異教偶像，因此更希望能徹底抹除這些題材。同時，他們或許也因為太過清楚工藝的類型與當地統治權之間，具有象徵性的關聯，認為只要摧毀當地文化，就能輕易宣示自己的統治權。摧毀的行動持續數百年，直到十九世紀中，英格蘭銀行每年仍會將價值數千英鎊的前哥倫布時期黃金工藝品，拿去熔化、銷毀。[125] 我們很難分辨摧毀行動，是因為對這些文物風格揮之不去的偏見所致，或僅是認為黃金的經濟價值遠勝一切。

歐洲的工藝技巧與價值

丟勒看到墨西哥文物時，會用老練的眼光細細端詳，他與那時代的許多歐洲藝術家一樣，都是金匠出身。版畫家會利用冶金術來製作厚金屬板，並在金屬表面以尖筆雕刻圖案，因此與手工藝特別密切相關。而黃金工藝界之所以吸引了眾多才華洋溢的藝術家，是因為金器是菁英階層的寵兒（伊莎貝拉・埃斯特華麗的黃金肖像獎牌便是為其中一例）。這或許會與「手工製作金器是可有可無的觀念」相互矛盾；設計與製作金器在人們眼中，就像是華麗的劇場演出或宴席，甚至是某種散財宴（potlatch）或炫耀性的浪費，是一種雖然短暫卻精彩的技藝展現。

金匠也屬於博學多聞的藝術家之一，因為他們的工作包含研

究古代文物，這便需要具備判別藝品真偽的廣博知識。[126] 盧卡·德拉·羅比亞·（Luca della Robbia）、羅倫佐·吉貝提、安德烈亞·德爾·薩爾托（Andrea del Sandro）、桑德羅·波提切利（Sandro Botticelli）、布魯內利齊（Filippo Brunelleschi）、多納泰羅（Donatello）及安德烈·德爾·韋羅基奧（Andrea Verrocchio）等這些後來較為人知的文藝復興時代畫家、雕刻家或版畫家，原本都是金匠的學徒。喬治奧·瓦沙利（Giorgio Vasari）是十六世紀偉大的作家，經常為佛羅倫斯的藝術家寫傳記。他曾寫道：十五世紀的「金匠與畫家之間關係十分密切，不，應該可說是往來極為頻繁。」[127] 他認為這是波提切利接受金匠學徒專門美術設計（意指繪畫）的訓練後，能夠如此迅速轉職為畫家的原因。

中古世紀晚期的歐洲金匠組織了同業公會，會員數基本上相當固定，唯有師傅級的藝術家過世或搬離，才會釋出新的空缺。但若想具有完整的會員資格，你必須完成一件「師傅等級的大作」，名副其實地證明自己堪稱為公會的「師傅」才可以。每位師傅在公會裡都有自己的註冊「商標」，且會將表示作者身分的「商標」印在商品上，這部分與今日相同。（師傅多為男性，偶有女性。女性能憑自身能力成為「師傅」者實屬罕見，但寡婦可以繼承亡夫的商標。）當時為了維護貴金屬的品質，在這些方面都有嚴格的行規限制。當時的人會把金器和銀器熔化鑄造成幣，若有摻假偽造之虞，會造成價值嚴重高估的問題。某些城市裡的金匠活動亦會受到控管，例如：在十五世紀的紐倫堡（Nuremberg）中，未獲得官方許可的金匠，禁止去外縣市與同行以外的人透露商業機密。[128]

1543 年本韋努托·切里尼以烏木為底的黃金裝飾烏銀作品「金鹽盒」。

根據某個看法，中古世紀歐洲時期所保存下來的黃金工藝品，不及 1% 的一半，[129] 到了文藝復興時代，情況也未見好轉。在黃金極具經濟價值的地方，用黃金來製作工藝品會使其脫離流通系統而引發猜疑。反奢侈法禁止金匠過度投入黃金工藝，因為這可能會增加黃金的萃取難度，甚至引發囤金潮。當主人窮困潦倒，或是遭到竊取或侵占時，黃金藝術品極有可能被拿去熔毀，換取物質價值。從獲利的觀點來看，金匠師傅的手藝不僅是一種創作，更是技能的表現，但不論樣式如何精緻，仍會隨時遭逢悲慘的毀滅厄運。

　　最像表演大師的金匠，首推本章努托・切里尼（Benvenuto Cellini），他在十六世紀雕刻的「金鹽盒」（golden salt cellar），不僅是那時代少數幸運留存的文物，更是西歐在基督教會之外最知名的金工作品之一。2003 年維也納（Vienna）藝術史博物館（Kunsthistorisches Museum）遭竊，再次上了新聞（後於 2006 年失而復得）。「金鹽盒」原是切里尼為費拉拉城（Ferrara）的樞機主教伊波利特・埃斯特（Ippolito d'Este）所設計，完成後獻給法王法蘭西斯一世。「金鹽盒」可以裝鹽和胡椒，盒上的人物代表海洋與陸地，分別象徵鹽和胡椒的原產地（海神涅普頓〔Neptune〕和大地女神貝勒金提亞〔Berecynthia〕及其各種產物）。鹽和胡椒在今天極為普通，因此若擺放在如此豪華的容器裡似乎顯得極不協調，但這兩樣商品在當時可是強大的象徵。法國靠著大西洋的鹽業賺進大把鈔票，因此食鹽既能代表法國的富強，也能在冬天和拮据時用來保存食物；另一方面，胡椒是來自東方的舶來品，也代表他們會與外國交易各種奢侈品。

如我們在彩飾手抄本中所見，黃金除了是羊皮紙書寫藝術及繪畫的媒材，也能用來製作立體物品。中古世紀的木版畫會閃耀出黃金的光芒，拜占庭的藝術家會在聖像（聖徒肖像畫）上用黃金將其打亮，使人物輪廓變得鮮明或是營造出動感、突顯重要的圖像內容，以及突顯出聖人的榮光。史學家雅羅斯拉夫・佛達（Jaroslav Folda）主張，支持聖像人士（iconodules，崇拜聖像派）在西元第九世紀後半大勝反對聖像人士（iconoclasts，破壞聖像派）後，發展出一些「重要的聖像新觀念」，其中之一就是用黃金突顯聖像的重點。[130] 西歐的藝術家看到拜占庭的作品後，也開始於宗教版畫裡運用黃金。

這類畫作一般會將些品質優良的金幣錘成金箔，再以金箔來作為金色背景。[131] 版畫家也像彩飾手抄本的彩繪師一樣，會使用貝殼金粉的顏料，藉由雕刻或打印圖案來裝飾金色背景；也會在鍍金前，以紅褐色顏料（bole）的黏土混合物堆砌表面，接著用石膏塑土法（pastiglia）的石膏打底劑，創造出雕塑感。除此之外，光暈、皇冠、腰帶與天使的翅膀等某些金色部分，也會做成浮雕的形式。1333 年，西蒙尼・馬提尼（Simone Martini）的《聖母領報和聖瑪加利與聖安沙諾》（*Annunciation with Saints Ansano and Margaret*）即是以黃金作為背景，黃金光暈則是以較厚的質地而非扁平的顏料來呈現。這樣的審美觀在經過一個世紀之後隨之改變。主張應精確描繪幾何空間的藝術理論家里昂・巴提薩・阿爾伯提（Leon Battista Alberti）抨擊畫作中使用黃金的作法，他表示「畫家以為在畫作中大量使用黃金，能營造出富麗堂皇的感覺」，並不諱言道：「我不崇尚這種作法」。

即使你畫的是維吉爾（Virgil）的狄朵（Dido），她背著金箭袋、頭髮以金髮夾固定，著紫色衣裳繫著金腰帶，韁繩及整套馬具亦全都金色。儘管如此，我仍不建議你用黃金裝飾，因為以素色來表現黃金的光彩，才能為工匠贏得更多的欽佩與讚賞。[132]

阿爾伯提希望畫家創作的時候，能捨棄閃亮的媒材，改用普通媒材來營造純金的錯覺。我們可從不同角度來闡明他主張的重點：他認為適度運用一些手段即可，對於蓄意展現出金碧輝煌的模樣感到嫌惡，或許是因擔心金光閃閃的「特效」會削弱表現手法的寫實效果。而且，那時代的藝術家一再強調這行業學問淵博，竭力提升行業形象；阿爾伯提卻強調藝術家應憑著自身的巧手來提升價值，而非藉著使用高價的媒材以達成目的。

現代藝術裡的黃金

拜占庭及中西方中古藝術的黃金鑲嵌及彩繪背景，啟發了象徵主義派（Symbolist）畫家古斯塔夫·克林姆（Gustav Klimt）。他以自己的黃金時期（Golden Phase）畫作，公然挑戰阿爾伯提的主張。《艾蒂兒畫像》（*Portrait of Adele Bloch-Bauer*）、《吻》（*The Kiss*）及《戴納漪》（*Danaë*）這三幅畫大膽使用金箔，展平畫裡的空間，且將人物與背景融合成燦爛迷離的平面圖案。這位奧地利的藝術家，與畫出戴納漪傳奇故事（宙斯降下黃金雨，穿透囚禁戴納漪的高塔，使戴納漪受孕後生下英雄柏修斯〔Perseus〕）的其他畫

▍古斯塔夫・克林姆在 1907 年的油墨金箔帆布畫《戴納漪》細部。

家一樣，以故事情節為由，明目張膽地在作品中讓色慾縱橫。文藝復興時期的畫家提香（Titian）有不少畫作，亦調侃了黃金雨同時象徵神明及金幣的雙關語意，暗示戴納漪接待神涉及了金錢。然而，不同的是，克林姆畫裡籠罩戴納漪的黃金，似乎只是表述他身為藝術家在作畫時感受到黃金灌注的那種激情想法。

因阿爾伯提抨擊而引起的議題，至今仍未消失。當代藝術家也會用黃金本身，來作為探討一些問題的媒介，諷刺的是，有時探討的竟然是固有價值及藝術價值的問題。1959 年，法國觀念藝術家（conceptual artist）克萊因（Yves Klein）在《無形畫感受區》（*Zone de sensibilité picturale immatérielle*）的創作中，印了幾張收據，聲稱是「無形畫感受區」所有，用某數量的純金就能換得這張畫作。買家可選擇將收據連同作品名稱的「無形性」燒掉，然後克萊因將半數的等值黃金丟進塞納河（River Seiner），再用剩餘的黃金創作「單色金」（Monogold）金箔系列畫作。卡爾・安德烈（Carl Andre）在 1966 年的《黃金田》（*Gold Field*）只是一塊平面金磚，他先用 600 美元請寶石匠製作，再以同價賣給委託製作的收藏家薇拉・里斯特（Vera List）。這種寫實主義式（literalism）的舉動似乎抹煞了藝術家的辛勤努力，而且極可能地嘲諷了贊助人、藝術家及製作者之間的關係。[133] 雕塑家羅尼・霍恩（Roni Horn）將 900 公克（2 磅）的黃金攤平，做成皺皺的長方形金地墊，稱之為《黃金田之類》（Forms from the Gold Field），用這件在 1980 ～ 82 年間的創作，惡搞安德烈上述作品的名稱。這給了菲利克斯・岡薩雷斯—托雷斯（Félix González-Torres）靈感，他將一顆顆糖果包在金色薄片裡，

創作出「灑糖果」（Candy spill）這獨樹一格的作品。2000 年代初期，受過金工訓練的美國藝術家麗莎・格蘭尼克（Lisa Gralnick）創作出《黃金標準》（*The Gold Standard*），作品包含三件一組的特殊小物，引人深思黃金、價值與歷史之間的意義。第一組物件是用石膏來呈現，僅有一小部分是黃金，表現物件中黃金按照重量所計的價值。這些基本上都不是高價單品，而是日常小物，因此多用石膏呈現。例如，書本上只有一小角是黃金，手槍則在握把上嵌入稍微大一點的黃金。《鼻整形手術》（*Rhinoplasty*，「隆鼻」整形手術的術語）則是一個人臉的石膏模型，鼻子的材質是石膏，之後再加上黃金。格蘭尼克為了萃取創作所需的黃金，必須將一些金器買來熔化，才能完成第二組的石膏模型。第三組的作品則是超現實虛擬歷史中出現的想像金器。[134]

英國藝術家理查・賴特（Richard Wright）在其作品中，重現金器能輕易改變形狀的主題，他在當代展覽空間紀念性的外牆上，細膩地用金箔畫出類似巴洛克（Baroque）墨漬的精美圖案（與 2009 ～ 2010 年他在泰特不列顛美術館〔Tate Britain〕創作的《無題》〔*No Title*〕類似）。賴特用一片片金箔，閃爍出隨著觀看位置不同而千變萬化的光芒，營造出沉浸式觀賞的體驗環境。莎拉・勞茲（Sarah Lowndes）形容那些金箔「在驕陽之下閃耀，在陰影之下隱沒」，[135] 他採用傳統的方法，以連環圖片的方式將圖案移到牆上，先貼上基本尺寸的（有黏性）金箔，再貼上小片的四方形金箔。

展覽結束後，他們用油漆覆蓋這件藝術作品。賴特關心的不是「作品」本身，而是價值。這些畫作可能須耗費數週才能完成，但

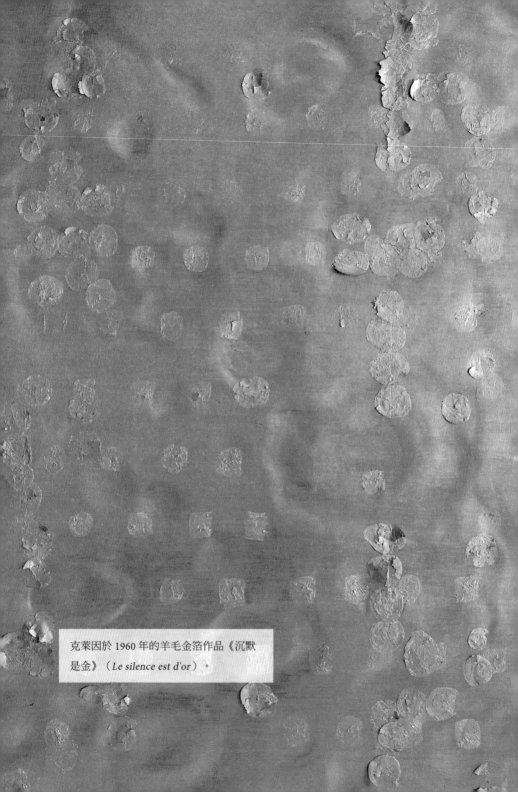

克萊因於 1960 年的羊毛金箔作品《沉默是金》（*Le silence est d'or*）。

▌ 2007 年威尼斯佛圖尼宮（Palazzo Fortuny），艾爾・安納祖以銅線創作的展覽
裝置藝術《鮮明與褪色的記憶》（*Fresh and Fading Memories*）。

壽命卻不及之前耗費的時間。這當中或許蘊含某種賤價犧牲成分，其實是從其他想法發展而來的，可能是感受到這世界製造的商品已氾濫成災，也或許是希望世界上處處有畫。[136] 迦納的雕塑家艾爾‧安納祖為回應全球消費社會商品氾濫的問題，用廢棄瓶蓋和鋁罐做出一張閃亮的紀念性壁毯，這種幾乎有如煉金術般將日常廢棄物變成某種黃金的魔法，使藝術的力量展露無遺。阿爾伯提早在十五世紀時就已呼籲要捨棄貴重的媒材，改用普通的媒材，使黃金呈現出藝術的美感，無獨有偶的是，安納祖所做的事恰好與阿爾伯提的主張有著異曲同工之妙。

第5章——從煉金術到外太空：
黃金的科學用途

瑪門說：愛享樂的人啊，現在

把自己抬高，穿金戴銀與她說話

像愛神那樣降雨在她身上

在他的戴納游身上，與瑪門相比

愛神就像個小氣鬼，什麼！用石頭不行。

非得讓她摸到黃金、嚐到黃金不可，　　我會變得位高勢大

跟她說話時的我，會是全能的

《煉金術士》／班‧瓊森

　　班‧瓊森（Ben Johnson）在《煉金術士》（*The Alechmist*）劇作中大肆嘲諷追求煉金術知識的人，煉金術士更經常指稱希望能用其他金屬合成黃金的人。雖然我們接下來會看到，他並非是第一個把煉金術士當作笑柄的，但煉金術在歷史上絕大多數都是非常嚴肅的一門學問。十四世紀初的西歐白銀因銀礦枯竭短缺時，統治者求助於煉金術士，希望能因此擴充財庫，促使教宗聖若望二十二世（Pope John XXII）於 1317 年發表教宗詔書（Papal Bull）《他們空

有承諾》（*Spondent pariter quas non exhitbent*），宣稱煉金術違背律法。在那之後，道明會（Dominican order）旋即開除會內所有煉金術士，並將義大利占星師及煉金術士切科·達阿斯科利（Cecco d' Ascoli）綁在木樁上施以火刑。儘管如此，波隆那大學（University of Bologna）至今仍尊他為師。他們反對煉金術的原因除了宗教信仰之外，也包含經濟與政治層面的考量。「煉金術」可以用來製造偽幣，於金屬貨幣中摻入貴金屬與賤金屬的合金，而人們對於煉金術的抨擊，大多是在批評煉金術士的貪婪、質疑成功機率或譴責黑魔法等。十四、十五世紀由於戰事頻繁，損失日益慘重，導致製作金錢的需求激增，統治者基於這些因素出手保護煉金術士，希望煉金術能讓他們從中獲得好處。雖然英王亨利四世（Henry IV）在 1404 年禁止大量製造貴金屬，但在後來的一百年之內，亨利八世卻基於對煉金術的好奇，而特許某些心腹研究這項主題。

早期的煉金術士可說是聲名狼藉，許多人都與瓊森一樣，見識到煉金術士如何鬼迷心竅，宛如狂熱的科學家那樣，頻頻追尋煉金術的顛峰卻徒勞無功，終至窮困潦倒。菲利普·哈勒（Philips Galle）於 1558 年仿老彼得·布勒哲爾（Pieter Bruegel the Elder）繪製的版畫中，便可看到煉金術士工作坊的樣貌，畫面中央站著煉金術士的太太，一手指著空空如也的錢包。從事煉金術的人很多都變得一貧如洗，此事更是眾所皆知。後來的出版商則大玩煉金術士（Alchemist）一詞的文字遊戲，在版畫上追加「混合術」（Al-Gemist）一詞作為標題，字面的含意就是「全混在一起」。我們可以在許多描繪煉金術士工作坊的圖畫中，看到這種相仿卻又更微妙的混亂場

面，如畫中會出現一名帶著猴子（象徵嘲弄他們只會模仿與偽造）的狂熱科學家。

其他人則認為煉金術士是吹牛大王、騙子和江湖術士。到了啟

蒙時代，煉金術更成了令人生厭的笑柄；而現代科學史接收了這種偏見，又希望能從以前的作法當中做些篩選，並特別強調那些直接運用現代、客觀、理性的方法及其發現結果的先例。

但在某方面，煉金術對於追求化學及物理的目標，其背後的基本假設與現代科學相去不遠；煉金術士深信某種原子理論，即使二十世紀之交出現了原子物理學和放射化學這兩種新興科學，仍可在深信神祕學傳說的科學家身上看到這兩種關聯。[137] 煉金術所有的理論都主張，物質世界是由原初質料（Prime Matter）所構成，原初質料又以基本元素（氣、火、水、土）及性質（熱、溼、冷、乾）等比重不等的形式存在著。我們感受到的世俗之物即具有上述的元素與特性，且大致上都能按各種比重分解重組。煉金術有些主張看似無稽之談，但其實理論上與現代原子理論並無二致。煉金術士也認為變化是自然而然地發生的（土裡會長出礦產，動物病變後會生出其他動物，人生病之後會痊癒），以及只要適當運用「技巧」，就能在過程中推自然一把；但這種變化並未超出自然法則，並非我們以為的那種魔法。

從十八或十九世紀的觀念來看，十二或十三世紀的煉金術觀念確實非常荒謬可笑。即使不能說煉金術士早已預示了黃金在現代科學裡的許多用途，但他們的確曾使用酊劑（譯註：女巫與藥草師會將藥草浸在酒精裡，溶出藥草的藥性，又稱藥酒）與溶劑來燃燒、發酵、結晶、鍛燒與蒸餾，進行某種實驗科學，而且那些發現都對後來的科學有所幫助。出生於十七世紀，即我們今天稱之為科學革命時代的科學家當中，雖有不少人會與煉金術士保持距離，但與早

期的煉金術士並無分別。他們與不可信賴的吹牛大王和江湖術士保持距離，卻也自詡為是正當的煉金術師。但在這群蔑視煉金術的十七世紀科學家當中，仍有些人參與其中；波以耳（Robert Boyle）是奠基現代化學基礎的化學家之一，他和牛頓（Issac Newton）都是美國煉金術士斯塔基（George Starkey，別名菲拉雷瑟斯〔Eirenaeus Philalethes〕或追求真理的愛好和平人士〔peaceful lover of truth〕）的學生。波以耳窮盡一生，只為了找出煉金術士的點金石（Stone of Philosopher）。煉金術的實驗方法對於應用知識的研究十分有幫助，磷的發現即是其中一例。同樣地，化學家會找尋一些基本定律，來解釋各種化學作用。例如，酸鹼原理將酸鹼視為物質的基本特性，與煉金術士以為物質基本上是由汞、硫和鹽組成的道理相同。培根（Francis Bacon）在著作《學問的演進》（*Advancement of Learning*）中寫道，1605 年時，「尋金與煉金就已促成許多偉大與成功的發明與實驗」。[138] 煉金術士所做的各種實驗為現代實驗科學鋪平了道路。

煉金術與造金

　　近代歐洲實驗科學發展的精神，在於渴望做出「人造」黃金及其他東西（如瓷器、顏料與長生不老藥）之心，這也與藝術工作習習相關。切尼諾・切尼尼（Cennino Cennini）早期在他文藝復興藝術技巧的論文中，稱顏料是用「煉金術」製作，意指顏料是由化學或物理作用所產生。舉例來說，朱紅這種紅色原料，是混合汞和硫

十七～十八世紀仿大衛・特尼爾斯二世（David Teniers II）風格繪製的帆布油畫《帶著猴子的煉金術士》（*Alchemist with Monkey*）。

（值得注意的是，汞和硫正是西方煉金術最重要的代表元素）的朱砂粉調製而成；而石黃（雌黃，即硫化砷，拉丁文中是「黃金顏料」之意）含有劇毒，但這種亮黃色仍吸引了畫家、煉金術士及物理學家的目光。

煉金術（現代人認為荒謬的玩意兒）與簡單應用知識之間的差異，大多不好辨別。中古歐洲作家提歐菲魯斯（Theophilus）曾描述當時用金色彩繪手抄本的過程：抄寫員要用金粉繪圖時，會先將紅色顏料磨成粉，混合蛋白後塗在欲以金色裝飾之處，接著再將磨成粉的黃金與加熱的黏膠混合，塗在那頁上頭，接著以「牙齒或仔細切割過，再用光亮平滑角板打磨的血石」拋光。黏膠的原料可能是鱘魚或鰻魚的魚鰾、小牛皮（事先準備好的手抄稿紙），或是將乾燥梭子魚頭烹煮三次。[139] 這些在現代人聽來就像是調製魔法藥劑的原料，其實不過是以天然材料為主的專業知識運用罷了。

無論是鍍金、蒸餾，或製造化合物與合金等金屬加工，這些實作知識都可追溯到數千年前。多數時候，所謂的「製造」黃金，只是用各種鍍金與合金的方式，來做出外觀形似黃金的金屬物而已。那些深奧難懂，我們稱之為煉金術的內涵，至少可追溯至西元第一世紀，甚至是更早。然而，在許多散佚的典籍與古代神祕權威的文獻中，我們很難判定是否該以字面意義理解，因為有的是真實存在的煉金術士，有的卻是希臘之神赫密斯（Hermes）的化身——赫密斯·崔斯莫吉斯堤斯（Hermes Trismegistus）等半神人物，他的名字後來更衍生出意指「神祕／煉金術」的 hermetic 一詞。煉金術的典籍也確實非常「神祕」，大多是蓄意以晦澀難懂的方式來書寫，如

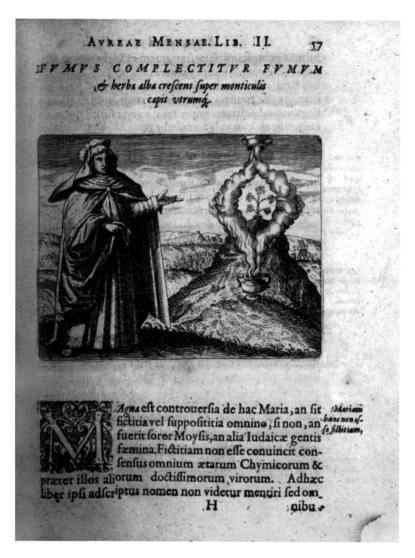

IFVMVS COMPLECTITVR FVMVM
& herba alba crescens super monticulis
capit vtrumq.

Agna est controuersia de hac Maria, an sit
fictitia vel supposititia omnino ; si non, an
fuerit soror Moysis, an alia Iudaicæ gentis
fæmina. Fictitiam non esse conuincit con-
sensus omnium ætatum Chymicorum &
præter illos aliorum doctissimorum virorum.   Adhæc
liber ipsi adscriptus nomen non videtur mentiri sed om-
.H. nibu

Mariam
hanc non es-
se fictitiam,

┃ 1617 年米夏埃爾・邁爾（Michael Maier）的《十二支派的煉金術桌符號》
（*Symbola aureae mensae duodecim nationum*）裡的猶太女人瑪利亞蝕刻版畫。

此一來，既能使初學者理解箇中神祕，又可令普通人無法一目瞭然，且往往談論的不是常見的礦物，而是名稱相同卻神祕又虛無飄渺之物。據羅馬帝國晚期幾位作家所稱，統治第四世紀之交的羅馬皇帝戴克里先（Diocletian），將全埃及的煉金術士的書籍盡數焚毀，使他們無法製造黃金，斷絕造反的金源，致使煉金術典籍最早大多只能追溯至西元 300 年左右。在那一百年後，甚至出現了審查的相關紀錄，只是仍未確定是否可信。貨幣改革很容易為了打擊製作偽幣或詐財的知識學問，而開始攻擊煉金術。[140]

最古老的「煉金術」莎草紙手稿（如《斯德哥爾摩莎草紙》〔*Papyrus Graeus Holmiensis*〕及《莎草紙 X》〔*Leyden Papyrus X*〕）都是各種化學製劑的實用指南；除了包含實際的純化、化驗、製造方法之外，也記錄金屬「增量」，將寶石與金屬染色、上色，以及調製出金墨與銀墨的方法。有些製作出來的確實是偽品，有些則是做出大致可定義為金屬金的成品，這種黃金內含大量「白色物、乾燥物、黃色物及鍍金物、……黃鐵礦〔愚人金〕、鎘、硫……等，經過分割最後再加工完成的黃色碎片與薄片」。[141] 煉金術士帕諾波利斯的宙西摩士（Zosimos of Panopolis）生於西元第三世紀的埃及，他的著作或許是最古老的正宗煉金術論文，內容以真實的金屬質變及神祕的風格為主。宙西摩士聲稱他採用的方法歷史悠久，可追溯自法老統治埃及的時代，用煉金術及諾斯底的智慧語念咒施法，並且細述一些神祕的幻象，使人將金屬純化與道德淨化聯想在一起。雖然後世的煉金術士十分重視描述合成硫和汞的方法（他們相信這兩種元素的結合，是製造黃金的關鍵），但這部分在書裡並未提及，這兩種元素的結合在他建

▌崔斯莫辛（Salomon Trismosin）的煉金術著作《太陽的光耀》（*Splendor Solis*，1582 年）古抄本裡的野外雌雄同體圖。

立的系統當中並非重點。雖然如此，書裡卻提到了「點金石」，世人認為純潔物質能將其他金屬變成黃金，是後世實施煉金術時的主要成分。宙西摩士如果沒有介紹猶太女人瑪利亞（Maria the Jewess）等人，我們將對這些古代煉金術士幾乎一無所知。猶太女人瑪利亞是一位住在埃及的女性，生活在宙西摩士好幾代之前，宙西摩士認為很多煉金術用的器具都是由她發明的（她的名字後來變成法文 bain-marie 流傳於世，意指雙層主鍋。）到了第五世紀作家普羅克洛的時代，致力找出製造黃金的方法，已是文學創作既有的文化主題。他提到「聲稱混合某些金屬就能造出黃金的那些人」時，語氣中充滿了貶抑。但其實他的許多觀點在現代人聽來，亦是非常神祕，因為他與其他古典時代晚期到近代之間的其他作者都相信，「金與銀是在地底下，受到天神及其光芒影響所生成」。[142]

煉金術一詞，以及萬靈丹、鹼性、酒精及代數等幾個相關名詞，源自於阿拉伯語。「煉金術」源自希臘文 chymeia（「混合」之意）的阿拉伯文翻譯，正統哈里發（Rashidun Caliphate）於西元 640 年占領亞歷山卓城後，阿拉伯的煉金術士便有機會取得手抄本，一睹希臘化時代的埃及煉金術知識。他們也援引印度實用化學科學及冶金學知識，同時以本身嚴謹的科學態度來理解這些傳統作法。第八或第九世紀生於波斯的查比爾‧伊本‧哈揚（Jābir ibn Hayyān），或許是伊斯蘭世界最重要的煉金術士。那些據傳由他所寫的文件，深化了所有金屬皆由汞和硫而生的觀念，後來更演變成中古世紀及現代煉金術的主要理論。他及其他以他之名所寫的書籍皆鉅細靡遺地敘述點金石的製作過程：點金石能夠將所有的賤金屬變成黃金，

▎仿漢斯·弗雷德曼·德·弗里斯（Hans Vredeman de Vries）製作的蝕刻版畫《煉金術士的工作坊》（*The Alchemist's Laboratory*），相傳作者是彼得·范·德·多爾（Peter van der Doort），出自海因理希·昆特拉《永恆智慧的圓形劇場》一書。（*Amphitheater of Eternal Wisdom*，1595 年）古抄本裡的野外雌雄同體圖。

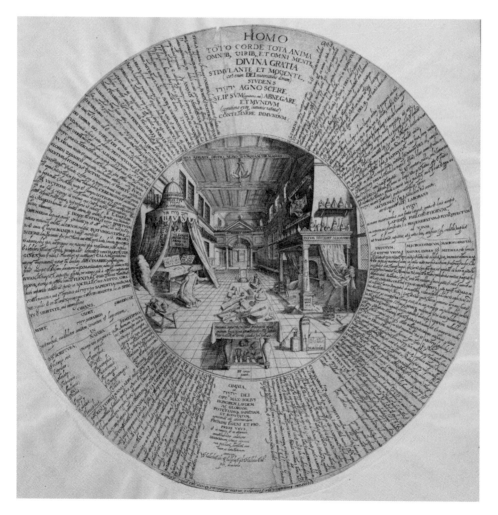

米夏埃爾・邁爾《亞特蘭妲大逃亡》（1618年）裡的蝕刻版畫〈拿一顆蛋〉（Accipe Ovum）。

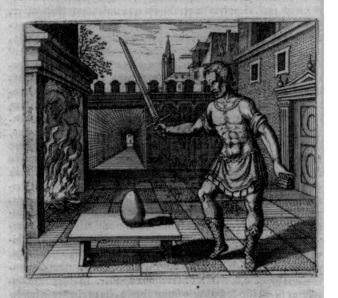

22   EMBLEMA VIII.   De fecretis Naturæ.

Accipe ovum & igneo percute gladio.

EPIGRAMMA VIII.

ESt avis in mundo fublimior omnibus, Ovum
Cujus ut inquiras, cura fit una tibi.
Albumen luteum circumdat molle vitellum,
Ignito (ceu mos) cautus id enfe petas:
Vulcano Mars addat opem: pullafter & inde
Exortus, ferri victor & ignis erit.

Mul-

在哈揚眼中如同「人生的萬靈丹」。但賤金屬（次等的貴金屬）變成黃金只是一種重視實驗的作法，後來更持續影響煉金術長達一千年之久。哈揚將氯化銨純化、煉鋼，亦將布料與皮件染色，及從醋蒸餾出乙酸來。據稱他還做出能夠溶解黃金和白金的硝酸與鹽酸混劑，即西方所稱的王水（單用硝酸或鹽酸雖然能溶解白銀和其他金屬，卻無法溶解黃金，此即判定金屬純度的「酸性測試」起源。）

即使相傳是哈揚所寫的阿拉伯典籍，仍無法明確地指向某個單一的歷史人物，歐洲的情形又更加嚴重了。哈揚後來被稱為「賈比爾」（Geber），有數百本煉金書籍在他死後（即在煉金術於十二世紀傳入歐洲後）出現，每一本都署名「賈比爾」。使用化名與其說是為了偽造，更像是為了自我保護——當時若承認施行煉金術，可能會遭致政治迫害。當然，假借知名人士的名號，增添了文字內容的權威性，如假借古代佛教哲人龍樹（Nagarjuna），抑或是加泰隆尼亞（Catalan）的物理學家拉蒙・柳利（Ramon Llull）的名義撰寫煉金術書籍的人，或許都是抱持著相同的想法。假借柳利之名寫書的作家，針對汞提出了更深入的理論，且足以與哈揚匹敵。他們依據上述理論主張：煉金術的目標在於提煉出「精華」（quintessence，又稱「第五元素」），再藉由純化作用取得原初質料。第五元素意指天上的汞以物質形式存在於地球上。歐洲的煉金術士提出各種不同的系統，百家爭鳴。英國修士及學者羅傑・培根（Roger Bacon）強調，血、奶和尿等動物性物質經過燃燒、蒸餾與發酵後會發生轉變。後來的煉金術士相信，用礬（硫酸）或硝石（硝酸鉀或硝酸鈉）可以製造出點金石。本書之後會談到，帕拉塞爾蘇斯（Paracelsus）

加入鹽，當作煉金術的主要成分。

在世界各地的煉金術象徵符號中，無論是中國道教的煉丹術、印度密宗的煉金術或傳到歐洲的阿拉伯書籍，每種物質都象徵著不同的性別，並視金屬的製造為某種有性生殖。哈揚認為硫（如同太陽）是男性，汞（如同月亮）是女性，這兩種物質的結合等同於性的交合，同時浸泡在酸性物質裡能死而後生，變成雌雄同體。許多煉金術的著作都很深奧、複雜，而且充斥各種比喻，文中多次提到蛋、燒瓶、侏儒、龍、陰陽人和蟾蜍，象徵意義似乎大於實際意涵。邁爾於 1618 年所著的《亞特蘭姐大逃亡》（*Atalanta fugiens*）甚至將煉金術的知識寫成歌曲，其中一張插畫的教導是：「拿起一顆蛋」，然後「用火劍敲打」。雖然他們一直運用象徵符號，來隱蔽煉金術實驗室真正採用的作法，但運用比喻典故也暗示了，煉金術的程序步驟應從精神層面來領略，而不應按字面意思來理解。煉金術的教導汲取了微觀與巨觀宇宙的思想，兩種思維都主張人、自然以及神的世界不只在物質層面相互交織，在象徵意義上也是如此，因此金屬的純化或許是意指靈魂的淨化。海因理希‧昆特拉（Heinrich Khunrath）在《永恆智慧的圓形劇場》（*Amphitheater of Eternal Wisdom*）書裡有一張版畫，將煉金術士的工作坊畫成一只大眼的瞳孔，象徵煉金術士除了靠其他事物來建立知識內容外，更相信他必須「認識自己」。但令人驚訝的是，發起宗教改革的馬丁‧路德（Martin Luther），絲毫不認為煉金術與改革宗的神學理論相互矛盾，他主張：

約西元 1723～1750 年清朝北京，仿雄黃的吹模六角形玻璃容器。

我很喜愛煉金術的科學，那真的是古人的人生哲理。不僅是因為煉金術有利可圖，無論是熔化金屬，或是煎煮、調製、提煉和抽取藥草的根，都能使人獲利；也因為它極富寓意並蘊含意義重大的奧祕，這點相當不錯……。如同火在熔爐裡，能從物質中提煉並分離出某些部分，將靈魂、生命、體液與精力往上提；而殘渣屬不潔淨之物，會像毫無價值的死屍那樣留在底下，神也將於審判之日，藉由火將義人與不敬虔的人分別出來。[143]

黃金與醫學

古代的煉金術不僅能使人致富，也是涉及醫療行為及宇宙學的一種廣泛哲學觀。黃金與藥學自古以來習習相關，傳說黃金相當「高

貴」，因此埋葬亡者時會以黃金作為防腐藥劑。在西元前第七至第四世紀的古埃及後期（the Late Period），人們會在木乃伊的皮膚塗上金色，使其全身金光閃閃，或用黃金將人體的主要孔洞及重要部位封住，認為如此一來，亡者不但不會腐化，還能重生變成全身是金的不朽存在。[144]

　　亞洲的煉金術特別強調治療的功能，那些影響歐洲至深的阿拉伯作家也對此略知一二。黃金雖然不是中國經濟制度的核心，卻是中國藥典裡的一般成分。中國煉丹術士（譯註：煉金術在中國通稱「煉丹術」，因此以下皆以「煉丹術」稱之。）的架上有各種用藥草、花卉、穀物、水果做成，以及具有動物及礦物成分的仙丹妙藥，令人眼花撩亂。明朝煉丹術士的仙丹妙藥，從充滿詩意的「赤雪流珠丹」或「赤紅邀天丹」（Crimson-coloured Empyrean-roaming，意譯），到較為平淡無奇的「好日丹」（Fine Day，意譯）或「八石丹」。雖然從表面看來，黃金都是丹藥的成分之一，卻極少以黃金命名，「金液玉華丹」（Liquid Gold and Jade Flower，意譯）則是例外。[145] 雌黃與雄黃這兩種硫化汞和砷的化合物，都是煉丹術士最愛用的成分，可惜非但無法使人健康，反而具有毒性（清朝時，會以上色的方式，使玻璃容器呈現出雄黃的顏色，既能避免產生毒性，又能呈現出亮橘紅色。）如果煉製丹藥的效果不如預期，煉丹術士就無法圓滿地進行必要儀式。例如，晉朝的煉丹術士葛洪聲稱，黃帝是因為吃了「九鼎神丹」的仙丹才能夠升天。人服用這種丹藥之前，必須透過百日潔淨儀式先自我淨化，全程暗中進行，接著「將小金人……和一隻金色的魚……丟進向東的溪流作為誓約，且在嘴

▌第十七世紀法國匿名畫家的紅黑粉筆畫《黛安·德·波迪耶肖像畫》（*The Portrait of Diane de Poitiers*）。

唇塗上祭品（白雞）的鮮血來起誓。」[146]

　　中國發展煉丹術之初，觀念或許就是源自於古印度 - 伊朗的宗教典籍，書中提到禮拜儀式喝的蘇摩（soma）及黃金之間的關係。相傳蘇摩是吠陀（Vedic）儀式中會喝的金色植物飲品，能使人長生不老，但實際上或許是某種治療精神疾病的菇類植物。[147] 一般人認為，除了飲用金液之外，若用黃金餐盤與餐具來吃喝也能延年益壽。[148] 中國煉金術士或許是在西元第四世紀，首度認為人工製造與改良的黃金，能煉製出使人長生不老的仙丹。中國煉丹術的起源，與同時期興起的道教及道家發展密不可分。西元前第二世紀，煉丹術的觀念裡已同時包含人造黃金與長生不老藥，並發展地相當成熟，[149] 有朝一日也會擴展至世界各地。中國的煉丹術士對於人造黃金極度吹捧，認為人造黃金優於天然金礦，葛洪在其著作《抱朴子內篇》中提到，他曾詫異地聽過一位傑出的煉丹術士主張，人造黃金比天然金更能使煉丹術士永生不死（他承認這也是煉丹術士窮困潦倒的另一個原因，因為他們認為只要有心就能成功。）[150] 葛洪告訴我們，你不相信人可以造出黃金也無妨，畢竟也有人不相信真的有龍或有獨角獸，但從沒看過，不代表牠們不存在！[151]

　　中國煉丹術的用字遣詞與西方煉金術書籍相仿，充斥著各種譬喻，使人難以分辨中文書裡的化學製程說明，究竟是精神的訓悔還是實際的指令。葛洪的《抱朴子》明確劃分公共知識與個人知識之間的界線，將內容分為內篇（道家思想）與外篇（儒家思想）兩種教導。後者外篇是實際日常生活的規勸教訓，內篇除了指示如何進行化學程序外，也包含哲學觀念，強調「內丹」（透過冥想自我轉

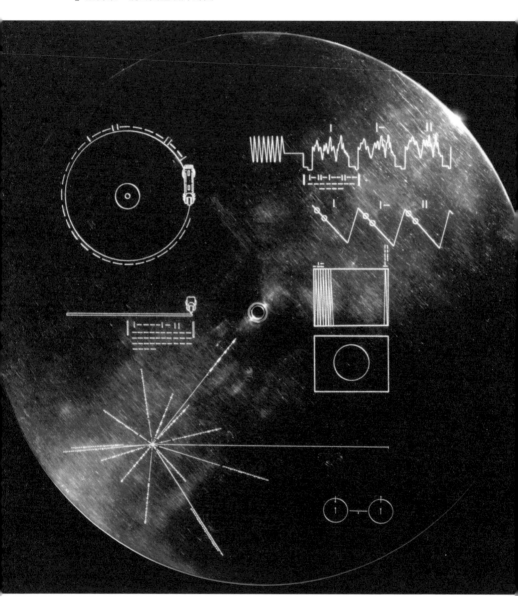

▌ 2011 年 9 月，美國航太總署的工程師替韋伯太空望遠鏡的二十一鏡子全部塗上
薄薄一層黃金。

化）及「外丹」（煉製仙丹）並重。葛洪的著作如《抱朴子太清金液神丹經》（*Scripture of the Golden Liquid of the Divine Immortals, by the Master Who Embraces Spontaneous Nature*），敘述各種仙丹製程，最後創造出人造黃金及長生不老藥的高峰。

葛洪等人主張，煉丹術與冥想優於其他修身養性的方法（如體操、草藥、呼吸、性愛技巧，以及節食），也優於法術和卜卦。[152]

煉丹術士在朝廷常受到寵信，男女都能做官。唐朝一名女煉丹家庚氏（Kêng，音譯）行過不少神蹟奇事，傳說她也曾把雪變成銀。但如同西方世界一般，煉丹術有時會被歸類為不倫不類的法術和詐騙手法（有人覺得把雪變成銀只是一種戲法而已）。民俗道教屬於方士的職權範圍，我們可將方士理解為魔術師或占卜師，他們具備醫學及冶金質變的專業知識，也熟知各種占卜方法，但顧雍卻如此批評：

史上的第一組驗電器：（Bardeen and Brattain.）

這些神祕術士……都是一派胡言，老是散播一些離奇怪事和

怪力亂神……他們用神祕的五行力量變換為五穀雜糧的耕種節氣，隨著日出日落、撒種收割，對抗山上千年的石頭，將賤金屬變成黃金，在體內完美結合五色和五臟——這些神祕術士四處行騙、欺騙大眾。他們精通邪門歪道，捏造作假樣樣都來，就是為了把那些支配這世界的人玩弄於股掌之間。[153]

後來的歐洲人也相信冶煉出來的黃金能使人長生不老，不過若用基督教的觀念闡明，透過黃金靈藥獲得在世長生不老的夢想並非容易之事。但其實，很多歐洲煉金術士都是醫生，最著名的應該要算是瑞士的醫生帕拉塞爾蘇斯。近代科學家瑪麗·雪萊（Mary Shelley）所著的《科學怪人》（*Frankenstein*），透過維多·法蘭根斯坦（Victor Frankenstein）為了製造人造生物而深入鑽研陳舊、落伍的觀念，體現出那些觀念中的陰暗面。帕拉塞爾蘇斯也研究煉金術（並擴展汞硫二合一的理論，加入了鹽，形成三合一理論），卻只把它當作一種醫療行為。他以實證方法研究醫學技術時，觀察到清創傷口比燒灼更有效，及進行用金屬合成的藥物來治療疾病的實驗（如混入黃金治療癲癇和情緒障礙症），等於發明了化學療法。此外，他也研發出鴉片酊，雖然帕拉塞爾蘇斯認為這個詞意指各種萬靈丹，有些也具有黃金與珍珠等成分，但後來的大眾醫學卻指鴉片溶於酒精之中的溶液。他很推崇黃金，認為黃金是種高貴的金屬，通常能用來解決人生命有限的問題，可謂是人生的萬靈丹。抱持這種觀念的不只他一人，貴族間飲用黃金的風潮也導致一些悲劇性的後果。飲用少量黃金仍屬安全範圍，現今時髦的黃金肉桂酒

（Goldschläger）及高級料理也會放入少許金箔，但大量飲用卻會引發中毒。法王亨利二世（Henri II）的情婦黛安・德・波迪耶（Diane de Poitiers），就是把黃金當作永保青春的萬靈丹來喝；2009 年，她的遺體被挖出來時，曾在頭髮上驗出濃度高到足以中毒的黃金。她渴求永保青春，卻因此香消玉殞。

二十世紀以前會用黃金來治療梅毒、心臟病、天花及憂鬱症，二十世紀初以降，也開始用金製劑（注射與口服皆有）來減輕類風溼性關節炎及紅斑性狼瘡的症狀。這些合成藥劑具有抗發炎的效果，但長期使用黃金治療卻會使皮膚變色並造成內臟損傷。目前醫界希望能研究出背後運作的機制，以處理可能致毒的問題。有些針灸獸醫師會將金珠植入動物體內，治療癲癇、髖關節發育不良及其他動物疾病，但這種療法目前尚未用到人類病患身上。

黃金在現代醫學界裡最為人知的，就是用來當作牙冠及牙齒填充物。牙醫界使用黃金的歷史悠久，古伊特拉斯坎人（Etruscans）似乎會用黃金做牙冠與牙橋。雖然一般人都認為（而且是誤以為）美國第一屆總統喬治・華盛頓（George Washington）戴的是木製假牙，但其實他其中的一副假牙，可是用更有價值的黃金和象牙做的呢！[155]

電子學及黃金的高科技用途

雖然近代的人認為，黃金是因不具工具價值才要價不菲，然科學家卻找出這種金屬的各式用途。攝影界用黃金當作調色劑；太空科技業以黃金作為反射膜，可保護儀器及太空人免受電磁輻

射的傷害；也用作某些觸媒轉化器的塗層，以及飛機駕駛艙窗戶除冰用的熱導體。1977 年為了研究木星發射的太空探測器航海家一號（Voyager 1）與二號（Voyager 2），至今仍在星際太空中向前挺進，探測器上裝有一些黃金黑膠唱片，裡面記錄二十世紀末地球上各種文化的聲音與影像。近來，美國國家航空暨太空總署（NASA）於 2021 年發射的詹姆斯 · 韋伯太空望遠鏡（James Webb Space Telescope），也為了反射太空中的紅外線，讓望遠鏡上的儀表得以進行研究，而在每面鏡子塗上薄薄一層金膜。

高科技產業特別鍾愛黃金防水、抗腐蝕及高延展的特性。黃金因其物理特性，而能在各種技術創新方面扮演輔助的角色。英國的教區神父亞伯拉罕 · 班奈特（Abraham Bennet）於 1786 年發表自行研發的金箔驗電器，裡面因使用黃金，而能更敏銳地測出電荷。他在一個大的玻璃圓筒裡懸掛兩條金箔，將連接的接觸點通電後，金箔便會兩兩分開，形成 V 字形。[156] 漢斯 · 蓋格（Hans Geiger，以蓋格計數器聞名）與恩內斯特 · 馬斯登（Ernest Marsden）於 1909 年證實原子是由帶有正電的原子核及周圍的電子所組成，但當時原本他們研究的是黃金。因金箔能製成極為細薄的程度，十分適合用來進行 α 粒子轟擊，再觀察散布情形，藉此測量金原子的正、負電荷，致使科學家無需按照原子的重量，而是按原子序（元素原子核內的質子數量）訂出一套原理，制定出元素週期表。

第二次世界大戰結束後不久，科學家研究的方向旋即從軍事應用轉向基礎研究，金箔也在那幾年成為電晶體發展的關鍵要素。電晶體是現代電子科技設計的基礎，能增強、打開與關閉通過半導體

的電荷；而半導體以矽最為著名，它之所以能成為製作現代電子產品的基礎材料，是因為其攜帶電荷的特性可以人為調控。顧名思義，半導體的導電性介於導體（金是其中之一）與絕緣體（如玻璃）之間，但導電性能透過摻入雜質或電場的「閘極」進行調控。貝爾實驗室（Bell Telephone Laboratories）的科學家，為了研究如何增大電子通訊時的音量，於 1947 年研發了驗電器。他們用金箔包覆楔形塑膠，再用剃刀割開，形成兩個位置極其相近的獨立接觸點，然後再將金箔包覆的楔形塑膠推到一塊作為半導體的鍺裡面。正電荷碰到鍺之後，會將包著金箔那端接觸點的電子吸走，使更多電子從金箔被割開後的其中一端，通過鍺移動到另一端。把一端當「射極」，另一端當作「集極」，就能導電並增強電荷。[157]

科學家自 1950 年代末以降，也開始把極細的金絲放到複雜電路裡當作接合線。金絲只有 10 ～ 200 微米（μm），比人的一縷頭髮更細，極適合用來連結微晶片上積體電路的驗電器、電阻器、電容器及二極體等元件。可惜由於成本高昂，目前已被銅取代，銅（雖然更易腐蝕）價格較為低廉，導電性也較佳。

現代的海水煉金術與騙局

科爾特斯和其他征服者同伴登陸墨西哥時，深信自己已經找到遍地黃金之地，而且「所羅門王興建聖殿的黃金就是取自那地」。[158] 但珍貴的寶物得之不易，科爾特斯首次向阿茲特克人打探蒙特蘇馬王（Moctezuma）的黃金位置時，謊稱自己罹患了一種要用黃金

治療的心臟疾病。[159] 或許是他記得傳統煉金術中「黃金可以治病」的傳說，也或許他只是天花亂墜地胡謅一個藉口。這是後來才流傳出來的故事，因此也可能是一種渲染罷了。但這比喻特別引人深思，因為科爾特斯和部下罹患的心病，終歸只是一種貪求黃金的病罷了。

　　人類自古以來對於黃金有特別的占有慾，一再使人失去理性，舉例來說，即使所有德高望重的科學家都質疑煉金術的真實性，仍有許多人趨之若鶩。人類自古以來無不渴求黃金，所以煉金術仍會不時對那些需要現金的人（及利用那些需要謀私利的人）激發起各種豐富的想像力。十七世紀末，博物學家約翰·喬希姆·貝歇爾（Johann Joachim Becher）聲稱能把沙變成金，並說服一群荷蘭人掏出第一筆預付款來架設儀器。他曾兩次在眾人見證下表演手法，表面上都有成功，讓政府吐出白銀的方式也做得很漂亮，但後來遭人揭穿行騙後被迫逃亡。[160] 儘管煉金術的科學聲譽在貝歇爾的時代早已逐步下跌，卻未曾真的銷聲匿跡；其中一個例子是，1891 年時，美國人愛德華·品特（Edward Pinter）在倫敦聲稱他發現了點金石，並利用他所謂的大發現進行行騙。他用的是常見的詐騙手法，先小小示範一下，把少量黃金變成三倍，以說服眾人（包含著名的羅斯柴爾德〔Rothschild〕銀行家族其中一名成員）將大量黃金交由他保管。[161]

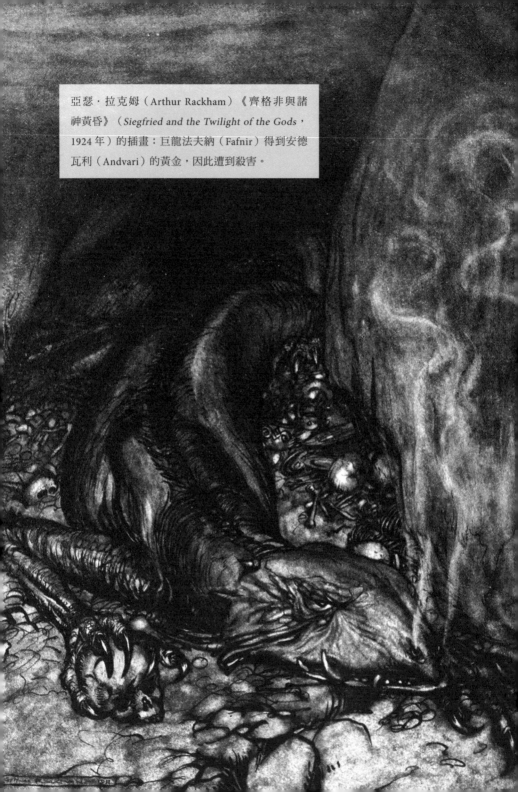

亞瑟·拉克姆（Arthur Rackham）《齊格非與諸神黃昏》（*Siegfried and the Twilight of the Gods*，1924 年）的插畫：巨龍法夫納（Fafnir）得到安德瓦利（Andvari）的黃金，因此遭到殺害。

第6章——禍哉黃金

　　世上大量的神話與文學作品一再警告：貪求黃金會惹來危險。只是無論在神話裡、歷史上或現今這個時代都少有人將此放在心上。西元十三世紀北歐神話文集《散文詩愛達》（*Prose Edda*）與德國《尼伯龍根》（*Nibelungenlied*）有一些相似之處，書中說：侏儒安德瓦利（Andvari）擁有一只可以變出黃金（也可以讓他變成魚）的魔法戒指，惡作劇之神洛基（Loki）在他變成魚的時候捉逮到他，要他交出所有財寶，包含可以變出財寶的戒指。侏儒交出戒指之前下了詛咒，任何擁有戒指的人，下場都會很悽慘。洛基向來實際，他將戒指送給奧丁（Odin），奧丁又把戒指轉送給赫瑞德瑪（Hreidmarr）；其後，赫瑞德瑪的兒子覬覦父親的財產，將他殺害，想不到安德瓦利的詛咒並未就此停止。1848 年因發現金礦而引發加州掏金熱的沙特鋸木廠（Sutter's Mill）位於加州北部，傳說當地科洛馬族（Coloma）酋長在沙特與他交涉時，曾警告他說：他在找的這些黃金的「主人是一隻惡魔，會吞噬找尋黃金的人」。[164] 那隻惡魔至今仍不斷吞噬人類，本章也會詳述人因貪求黃金而下場悽慘的神話，如何發生在真實世界的真人身上。

　　黃金的詛咒似乎蘊含某種變態的幽默感，神話和小說裡的人幾乎無人因貪心而獲利。舉例來說，於第一世紀的羅馬詩人奧維德

（Ovid）所著的《變形記》（*Metamorphoses*）裡，在伯修斯的故事中增加一段特有的情節。伯修斯殺死梅杜莎（Medus）後，到巨人王亞特拉斯（Atlas）統治的王國中稍作休息時，提到自己的父親是遠近馳名的宙斯（Zeus，亦即他是雨神之子）。亞特拉斯的魔法果園叫做赫斯珀里得斯的果園（the garden of Hesperides），有個預言說道，宙斯其中一個孩子會來竊取果園裡珍貴的金蘋果，亞特拉斯襲擊了伯修斯。伯修斯這位英雄被惹惱之後，用梅杜莎的頭將巨人亞

特拉斯變成石頭，接著眾神決議將天界放在巨人變成石頭的肩膀上。伯修斯並沒有摘下任何蘋果就離開了，最後沒有一人從中得利。[165]

　　這主題在 B・崔文（B. Traven）的小說《碧血金沙》（*The Treasure of the Sierra Madre*，1927 年）裡再次浮現，小說於 1948 年被改編成電影，由亨弗萊・鮑嘉（Humphrey Bogart）主演，獲獎無數。電影中有三名貧困的礦工，遠從美國來到革命過後的墨西哥，在那裡一夜致富，但其中一人起了貪念，出現妄想症，以為同伴要打劫他而決定先下手為強，於是學亞特拉斯以暴力先發制人卻自食惡果，遭到一幫搶匪埋伏。搶匪不知道鞍囊裡裝滿了金粉，一吹氣就全被吹散了。諾里斯（Frank Norris）的小說《麥克悌格》（*McTeague*，1899 年）也在書的最後提到類似的想法，故事裡說麥克悌格因為妻子不肯與他平分 5000 元金幣而痛下毒手後，企圖逃到墨西哥，卻在死亡谷（Death Valley）被昔日好友馬克逼入絕境。兩人先是為了最後幾滴水打起來，後來更為爭奪黃金大打出手，麥克悌格殺死了馬克。但不惜一切代價得來的財寶，也無法使他免於遭遇渴死的危機。艾瑞克・馮・史陀海姆（Erich von Stroheim）在 1924 年將小說改編成電影《貪婪》（*Greed*），片長八小時，電影公司花費成本逾 60 萬美元（約相當於今日的 800 萬美元）。公司老闆托爾伯格（Irving Thalberg）將史陀海姆從計畫開除後，才將片長剪為兩個多小時。後來也為了提煉其中所含的銀，而將刪除片段的膠卷熔毀。

　　有時貪婪的人受到適當的懲罰之後，可看到自己本身所犯的錯誤。在奧維德的《變形記》描述麥得斯王的傳說裡面提及，戴歐尼

修斯（Dionysus）為了回報麥得斯王善待羊男西雷奈斯（Silenius），准他許一個願望。麥得斯王希望他碰到的東西都會變成黃金。但這祝福很快就變成一種詛咒，他發現自己再也不能吃、不能喝，因為他碰到的任何食物都會立刻變成黃金。而在霍桑（Nathaniel Hawthorne）1815 年所寫的《奇妙故事》（*A Wonder-Book for Girls and Boys*）裡，麥得斯王的女兒也因被父親碰觸到而變成黃金。他對於自己如此貪婪感到後悔，哀求戴歐尼修斯收回這個祝福，戴歐尼修斯吩咐他前往帕克托羅斯河沐浴淨身，讓點石成金（the golden touch）的能力流入水裡，這使後來實際存在的克羅西斯王發財致富；麥得斯王則退隱山林去祭拜牧神潘（Pan）。

麥得斯王並非傳說中唯一因貪婪和狂妄而惹禍上身的國王。西元第十至十一世紀的《列王紀》（*Shāhnāmeh*），是一部波斯語系的民族史詩，詩人費爾多西（Ferdowsi）在著作中提到一位強大又任性的國王凱·卡烏斯（King Kāvus）。曾有個邪靈化身成美少年慫恿國王，應該要為自己打造一座金寶座（請見第 216 頁的插圖），在寶座上綁著幾塊肉，引誘四隻飢餓的老鷹將寶座拉至天上；卡烏斯亦希望自己能坐在寶座上，被載著飛上天界，窺探其中的祕密。老鷹載著他一路飛到中國後，就已累得再也飛不動了，最後這詭異的發明落地墜毀，卡烏斯王竟然奇蹟似地生還並且悔改。[166]

失落的礦場與藏寶傳說等奇聞軼事，也能使我們因黃金而惹禍上身，最著名的「失落的荷蘭人金礦」（Lost Dutchman's Mine）傳說，傳自亞利桑那州的迷信山脈（Superstition Mountains，雖然地質學家很懷疑那裡有金礦）。故事說道，在 1880 或 1890 年代，有個德國

人名叫雅克博·瓦茲（Jacob Waltz），他在探勘時發現了富饒的金礦，後來遭到阿帕契族人（Apaches）攻擊（或遭到起貪念的同伴攻擊，故事版本眾多）。他活下來後曾把自己的故事告訴他人，還留下一張粗略到無法精確點出金礦位置的地圖。這則傳說有值得注意的點，包含確實有個德國僑民叫做雅克博·瓦茲，他也真的在迷信山脈附近進行過一些探勘，墓碑上稱他為「失落的荷蘭人」，這稱號雖然使人滿懷憧憬，卻充滿謬誤（因為失落的不是他，而是他的金礦），而且他可能只是在臨終前透露某個不知名的地方有金礦（儘管他在近二十年前就已經放棄採礦了）。無論如何，我們都能將故事視為一種傳說，這種傳說不僅不會造成任何傷害，還能帶動當地的觀光業發展，每年也確實有數千人湧入山裡尋找金礦，不想探險的人還可以參觀失落荷蘭人州立公園（Lost Dutchman State Park）。但這則傳說也可能致人於死，當地就曾發現一個冒險家的頭骨上面竟然有兩個子彈孔。[167]

新斯科細亞省（Nova Scotia）外海的橡樹島（Oak Island）上，也埋有神祕的寶藏，雖然沒人知道那裡到底有什麼，但主要說法是有海盜掠奪來的贓物，甚至可能是怪盜基德船長（或許也是虛構人物）失落的寶藏。除了 1701 年〈基德船長告別海洋〉（Captain Kid's Farewell to the Seas），又稱〈知名海盜哀歌〉（the Famous Pirate's lament）中的歌詞有提到「兩百條黃金」之外，還有一些較不合理說法，包含那裡藏有瑪麗·安東妮（Marie Antoinette）的珠寶，或能證實莎士比亞的戲劇是培根所寫的祕密文件。這兩百年來，尋寶獵人在島上名叫錢坑（Money Pit）的地方挖掘，發現了鬼斧神工

法語發音的電影《碧血金沙》（1948 年）海報。

▋霍桑《奇妙故事》（1851 年）裡，沃爾特・克蘭（Walter Crane）的麥得斯
王與女兒插圖。

的遺蹟，包含鋪路用的石板及層層堆疊的圓木；也有人發現石頭上有神祕符號。尋寶任務一次比一次更勞民傷財，且每次挖出來的坑都空空如也，藏寶獵人相繼破產，過去數年來出現六起以上的死亡案例，這一切的一切，都是為了那些或許從未存在過的寶藏。

到了現代，錢坑從島上的地名變成 1990 年代中期的 Bre-X 金礦醜聞。Bre-X 礦業公司宣稱在印尼發現驚人的金礦，使得股價飛漲，每個投資人都跑來分一杯羹，再後來，又爆出 Bre-X 假造核心樣本「冒充」黃金，導致股價瘋狂下跌。公司一夕之間倒閉，投資人損失數十億元。[168]

只要有人貪圖黃金，就會有人偷取黃金。美國西部（American West）的歷史不乏膽大包天的蒙面人在槍口下從馬車或火車上偷走黃金的奇聞軼事，但大多是些雞毛蒜皮的小事情。最大的竊案亡命之徒山姆‧巴斯（Sam Bass）及他那群黑山幫（Black Hills Bandits）在聯合太平洋鐵路公司（Union Pacific）的列車搶案中，搶走二十枚剛於 1877 年所鑄造的金幣，共值 6 萬美元，約值今日的 100 萬餘美元。在大西洋的另外一邊，有一群膽大妄為的竊賊在 1855 年的黃金大搶案（Great Gold Robbery）中，從戒備森嚴的貨運列車偷走 91 公斤（200 磅）的黃金，涉案的警衛及鐵路局員手上皆有黃金保險箱的備份鑰匙，他們把贓物換成鉛粒，因此沒有人注意到重量改變了，所幸最後仍遭到逮捕。[169]

造成更大轟動的 1983 年布林克搶案（Brink's MAT heist），這幫竊賊本來以為自己竊取的是布林克公司倉庫裡的現金，卻意外發現了價值 2,600 萬英鎊的金條。有關當局很快意識到，布林克搶案與

"THE USED-UP MAN"—See page 36.

1853 年諷刺加州淘金失敗的礦工之木刻畫「一貧如洗的男人」。

▌伊兒汗（Il-Khanid）時期伊朗《列王紀》手稿裡，以黃金、油墨、不透明水彩在紙上繪製的《凱‧卡烏斯沙王（Shah）企圖飛到天界》（*Shah Kay Kāvus Attempts to Fly to Heaven*）圖。

多數重大搶案一樣都是內賊所為，儘管如此，卻仍未追回任何黃金。1984 年時，主謀被判二十五年徒刑；1995 年高等法院命令他歸還遺失的 2,600 萬英鎊，主謀也已在 2000 年出獄了。警察懷疑他們已將大多數黃金熔化，「有些地方則傳出 1983 年之後從英國買來的金飾，應該都是用布林克的黃金製作的消息。」[170] 有人覺得那批黃金受到詛咒，因為包含幾位共同犯案的嫌犯都已遭到殺害，以及一位追查竊案的員警遭刺身亡，卻始終未能破案；共有二十人因這起嚴重的竊案而喪命。其中最出名的是查理‧威爾森（Charlie Wilson），他曾參與 1963 年惡名昭彰的火車大劫案（Great Train Robbery），也非法變賣一些布林克搶案的贓物。他與家門外的德國牧羊犬於 1990 年時，在西班牙遭到不明殺手射殺。[171]

奴隸制度、戰爭與開採金礦的環境代價

這些黃金熱潮造成的悲劇往往規模不大，僅影響到少數人（至少就身體安全而言），但黃金開採的實情更加可怕。金礦開採比淘洗黃金更加複雜，每次都會造成環境的破壞，同時，若要從地表往下深入到礦脈，就必須投注巨大的資源，這代表礦業公司較不關心員工的福利。

採礦是非常骯髒又危險的工作，尤其是地底礦坑更是如此。美國勞工部勞動統計局（U. S. Bureau of Labor Statistics）也警告，現今環境即使在嚴格控管下，「仍會發生一些特有的危險情況，例如礦坑陷落，或礦場發生火災、爆炸，或暴露在有害氣體中，除此之外，

礦坑內鑽孔揚起的塵土，也可能使礦工罹患兩種嚴重的肺病，包含煤塵引發的塵肺症，又稱黑肺症，或岩塵導致的肺部疾病。」在管控較為鬆散的環境底下，情況會更加糟糕。[172]

最早談到採礦艱苦的文字紀錄，來自於西元前第一世紀的希臘史學家西西里的狄奧多羅斯（Diodorus Siculus）。他在厚重的《史學全集》（*Bibliotheca historica*）裡提到，在托勒密王朝統治的埃及內開採努比亞金礦的奴隸。將他們悲慘的命運敘述如下：

> 那些服刑的人成千上萬，而且被鎖鏈綁著，日以繼夜地工作，絲毫不得休息……。無情的痛毆逼使他們只能不斷辛勤工作，直到歷經折磨，染病死去。在如此嚴苛的懲罰之下，這群不幸之人預知自己未來只會更加悽慘，所以反而求死不求生。[173]

用奴隸來開採黃金並不罕見，1770 年的日本德川幕府（Tokugawa shogunate）也派流浪漢去佐渡（Sado）的金礦坑做抬水工人。

1886 年在今日南非德蘭士瓦省（Transvaal）維瓦特斯蘭地區發現的巨大金礦區，引發了為期數十年的鬥爭。那裡曾被極崇尚個人主義的波耳人（Boers，荷蘭語，「農人」之意）殖民，當中除了前來開拓的荷蘭人，也包含為了逃離歐洲宗教迫害的法國胡格諾派（French Huguenots），以及喀爾文教派的清教徒。當時波耳人數量稀少，開採金礦人力不足，因此不得不僱用「外僑」，其中大多為英國礦工。外僑的數量很快就超越了波耳人，並開始要求享有政

治與經濟權利。波耳人在同一個世紀才擺脫英國統治，建立這個國家，他們擔心賦予外僑那些權利會使自己喪失政權，而不願答應。因此外僑靠著英國撐腰，於 1895 年發動叛變，最後失敗。1899 年談判破局，波耳人要求英國撤出在德蘭士瓦省邊界集結的大批軍隊，英國則要求波耳人立即授予境內英國移民完整的公民身分。爾後，戰爭爆發，在這場代價高昂的流血衝突當中，人數處於劣勢的波耳軍隊採取游擊戰略應戰英國軍隊，當時英國的基欽納勛爵（Lord Kitchener）回以焦土策略，摧毀波耳人所有的農田，將平民關在集中營裡，使 25,000 多名非洲婦女及兒童因生病及營養不良而死。[174]

政府為了使搖搖欲墜的金礦業在短時間內從戰爭當中恢復，而於 1904 年至 1907 年間以三年合約，簽下 64,000 名左右的契約華工，派至金礦場工作。1910 年時，他們將最後一批工人遣返回國。在當地工作的那段時間，生活與工作條件都極其糟糕（如一天中必須在地底下待十個小時），這些凌虐華人礦工的中國警察，表面上受雇來維持秩序，實際上不僅交易鴉片、經營妓院和開賭場，而向他們借貸的倒楣鬼，也會遭到他們殺害或被逼到自縊。[175]

1849 年的加州淘金熱，在通俗歷史中變成一種興衰交替的狂野祭典，吃苦耐勞和努力上進的（白種）男人在象徵性的天命（Manifest Destiny）小宇宙裡，對抗著宿命和大自然。即使多數黃金早已被礦業公司搜刮到自己的口袋裡，馬克‧吐溫（Mark Twain）和布勒特‧哈特（Bret Harte）仍以浪漫的風格來刻畫那些髒亂的採礦營地，將英勇和獨自奮鬥的礦工塑造成民間英雄。直到最近，史學家仍容易將淘金美化成歷史上的重要事件，或一種前所未有的大型民間運動，

卻未曾探討其後果。雖然有些人確實靠著淘金大富大貴，但大多數人實際的境遇卻更加悲慘、窮困，或承受了更多的暴力。

　　1849 年蜂擁來到加州的淘金客當中，每 12 人就有 1 人死於前往金礦場途中、採礦現場或從那裡返回的途中，死因包含生病、意外或暴力行為。當地多數居民都是男性，身上帶著武器，因此每 10 萬名居民當中，就有 500 人遭到殺害，兇殺案發生的機率幾乎是美國今日的一百倍。當時一名醫生觀察後估計，1851 年至 1853 年間來

到加州的人當中，有五分之一會在六個月內死亡。在沒有警察或法院的情況下，只能倚賴私刑維持治安，自 1849 年至 1953 年間，就有兩百多人在金礦場中遭私刑處死。[176]

雖然礦工不分種族，都會面臨著許多艱難困苦，但白人以外的礦工生活卻更加艱困。在美國，外籍礦工須支付不合理的工作稅，但不代表付了錢就能免於遭到暴力相向。許多墨西哥礦工遭到毆打、財產遭搶；某個營地裡曾有 16 名智利礦工，因為莫須有的罪名而遭處死。華人礦工禁止在刑事或民事法庭中出面作證，指控白人有罪，否則會被逐出礦區，甚至遭到殺害。加州的州議會於 1884 年，承認當時「加州政府當時從上至下，都冤枉並迫害了當地華人居民，這是眾所周知的事實。這種行徑連世上最野蠻的國家，都會感到汗顏。」[177]

美洲原住民的待遇是最糟糕的，1884 年加州原住民約有 12 萬人，到了 1870 年僅剩 3 萬人左右（白人人口於淘金熱初期十年內躍升 2000%）。美洲原住民大多死於疾病、暴力事件與飢餓，傳統土地也先後遭到來狩獵與耕種的白人侵占。原住民甚至完全被排除在歷史之外，例如，1848 年 1 月首次在沙特鋸木廠發現金塊而激起淘金熱的，也許是邁杜族（Maidu）的工人，而非白人工頭。短短三年內，加州北部的溫圖族（Wintu）在白人移民底下吃盡苦頭，那些悲慘的故事都是淘金熱原住民親身經歷的縮影。1850 年，白人在「聯誼聚餐」（friendship feast）時端上有毒的食物，毒死 100 名溫圖人；1851 年，一群礦工在溫圖的民族議會所放火，燒死 300 名族人；1852 年時，白人到一個溫圖族的營地，屠殺 175 人，史稱

峽谷橋大屠殺（Bridge Gulch Massacre）。加州第一任州長彼得·伯
內特（Peter Burnett）曾說：「印地安人絕種之前，我們一定會繼續
在種族間發動滅絕的戰爭」，[178] 這句話反映了當時許多加州白人的
想法。史學家羅伯特·海因（Robert Hine）和約翰·法拉格（John
Faragher）的結論是：「這絕對是美國舊西部史上最明顯的種族滅絕
案例」[179]，而且是淘金熱的必經之路，舉例來說，澳洲維多利亞省
與新南威爾斯省發現金礦的十年之後，白人人口爆增 400%，原住民
的人口卻跌至原本的一半。[180]

哈潑週刊（Harper's Weekly）第一卷第四十期（1857 年 10 月 3 日）第 632 頁的《華人礦工在加州的挖礦生活》（*Mining Life in California-Chinese Miners*）圖。

　　雖然加州法律禁止蓄奴，但實際上在 1850 年的「政府與印第安人保護法」（the Act for the Government and Protection of Indians）底下，卻有數以千計的美洲原住民遭到奴役。白人老闆可以依據這項法案，租借美洲原住民囚犯來做工，以契約束縛原本自由但負債累累的美洲原住民，也可以綁架原住民兒童，私自把他們當作家裡的「學徒」來剝削，且以法律來約束更有可能持續到他們近三十歲為止。淘金時代的社會以男性為主，因此為了填補欠缺的婦女與兒童勞力，旋即出現奴隸黑市，以供應家裡和田裡需要的美洲原住民兒

■ 1853 年 9 月，歌川廣重（Utagawa Hiroshige）的浮世繪《佐渡金礦》（*Gold Mine, Sado Province*）。

童勞力需求。[181]

　　北美洲其他地區的美洲原住民族群，也在貪圖黃金的白人底下飽受折磨。1868 年時，美國與北美大平原的夏安族（Cheyenne）與蘇族（Sioux）簽訂拉勒米堡條約（Fort Laramie Treaty），承認南達科他州黑山（Black Hills）拉科塔族（Lakota）擁有土地的所有權。但在喬治·阿姆斯壯·卡斯達將軍（General George Armstrong Custer）探勘調查發現大量金礦後，總統尤利西斯·S·格蘭特（President Ulysses S. Grant）決定片面毀約。白人礦工湧入黑山，無可避免地與拉科塔族發生衝突，這時美國政府企圖買下土地，交易不成就動用武力，小大角戰役（Little Bighorn）則是其中最知名的戰役。坐牛（Sitting Bull）及瘋馬（Crazy Horse）兩人領軍的拉科塔族、北夏安族和夏安族（Arapaho）同盟，徹底消滅卡斯達將軍及他的第七騎兵隊，然而勝利僅曇花一現，因為美國很快就掌控了那裡的土地。[182]

　　淘金熱破壞自然環境多年，甚至長達數百年。當有數 10 萬人湧入加州，就代表人口超出了自然環境所能承受的範圍，導致灰熊、金河狸、蘆麋、美洲羚羊及其他許多物種近乎滅絕。礦工需要食物，牛羊的數量很快就達到數百萬隻，牠們啃光當地的原生牧草，造成大片土地裸露（這是一種採礦的典型現象，迦納西部近期的研究顯示，露天採礦破壞了近 60% 的森林地及近半數的農地。）[183]

　　1860 年之後，大型礦業公司採用水沖採礦的方式，沖刷整面山坡，導致淤積的泥沙和碎片被沖到下游，使河流堵塞，氾濫成災，如 1862 年那場洪水，就使位於沙加緬度（Sacramento）州議會大廈

S.H. REDMOND DEL.

PUBLISHED BY THE PACIFIC ART CO. OF SAN FRANCISCO..INCORPORATED UND

GENERAL CUSTE
The Battle of

1878 年，H. 史坦艾格（H. Steinegger）仿 S. H. 瑞德蒙（S. H. Redmond）的紙上石版畫《卡士達將軍之垂死掙扎：小大角戰役》（*General Custer's Death Struggle: The Battle of the Little Bighorn*）

EATH STRUGGLE.
tle Big Horn.

的地板淹水。但即使如此，加州仍遲至 1884 年才禁止水沖採礦，證明礦業公司的遊說力量真的不容小覷。

可惜的是，環境破壞並未因為遏止水沖採礦而隨之終結，有 3,630 萬公斤（800 萬磅）的汞，因為加州淘金熱的採礦活動流入當地環境，造成湖泊和河流魚類的食安問題。至今汞仍是世界各地的礦工在手工開採金礦時常用的方法，因而不斷引發許多健康問題。舉例來說，亞馬遜盆地許多小規模的淘金熱潮所使用的汞，除了汙染了水域，使當地原住民吃到遭受汙染的魚類之外，也有礦工因缺乏安全裝備而吸入汞煙，造成不少汞中毒事件。汞也會造成兒童的認知與神經發展損傷，在祕魯境內有個某個惡名昭彰的非法礦區，近年在當地原住民族人的樣本中，發現兒童體內含汞量超過安全標準範圍的三倍。2013 年時，140 個國家簽署汞水俣公約（Minamata Convention on Mercury），希望能訂定各國之間的汞用量限制。但即使明定禁止開採新的汞礦區、含汞電池及其他某些電器用品，卻未禁止小型金礦區使用汞。

當然，並非每一次出現淘金熱，都會帶來如此可怕的後果。經濟大蕭條（the Great Depression）期間，出現一股汽車淘金熱（Automobile Gold Rush），當時許多業餘的淘金客懷著開採金礦的企圖，來到一百多年前加州淘金熱時早已枯竭的礦區。聯邦政府也鼓勵這種活動，甚至出版小冊子，教導業餘人士如何製造及操作基本的淘金設備，並合理化地解釋：人民到野外去過原始生活，總比排隊領救濟物資更好。[184] 然而，淘金熱都會帶來不幸，無一例外。

我們應該要記得，並非只有過去才有淘金熱。只要金價持續上

揚，就會不斷有人四處尋覓新的全新、未開發的金礦區。即使只是稍縱即逝的小小淘金熱，也會對人和環境造成傷害。2007 年時，巴西一名數學老師在自己的網站上發布一篇文章，宣稱阿普伊（Apui）的礦工在地面上撈到大把黃金。數以千計的探礦人士在數週內接踵而至，新興都市耶爾多都・多・珠瑪（Eldorado do Juma）隨之崛起，酒吧老闆和五金行老闆賺進口袋的錢，甚至比礦工還多。的確有些人一夜致富，例如有個老礦工在兩個多禮拜內，就挖到價值 19,000元的黃金。但在多數的淘金熱當中，許多礦工都是敗興而歸，甚至染上瘧疾，造成瘧疾在當地捲土重來。[185]

即使汞（多半）遭到禁用，仍有其他用於工業採礦的化學品，會對環境及當地居民造成嚴重傷害。2000 年 1 月 30 日，約有 10萬立方公尺的廢水導致水庫潰堤，流入羅馬尼亞巴亞馬雷（Baia Mare）奧羅（Aurul）金礦區境內的索摩什河（Someş River）。使用黃金氰化法可以提煉低純度的金礦，但在過程中會產生氰化物，那次潰堤的廢水裡就含有 100 公噸的氰化物。這些廢水往下游流了 3,000 公里（1,865 英哩）後，注入匈牙利境內的提薩河（Tisza River），再流入多瑙河（Danube），最後流入黑海，導致 250 萬人的飲用水遭到汙染，逾 1,400 公噸的魚類死亡。

奧羅金礦區雖然營運的時間不及一年，但巴亞馬雷的金礦開採自羅馬時代以降，早已進行兩千多年，只是在二十世紀之前，當地從未遭受到如此無可挽回的汙染。在世界衛生組織（the World Health Organization）的報告中指出，有些成年居民體內的鉛含量超出安全標準範圍的兩倍。薩薩爾河（Săsar River）流經巴亞馬雷，河裡的砷

與鉛含量超過許可範圍的數百倍，今天的人都稱它為「死河」。[186]

　　雖然金礦業本來就深受這些環境與健康議題的纏擾，但 1960 年代施行的氰化物堆攤浸濾法（cyanide heap leaching），又增加了更多環境風險。礦業公司施行這套方法時，會將壓碎的低純度金礦堆成一堆，再將氰化物溶液澆在上面。氰化物溶液能結合礦石裡的黃金，使之溶於水，再將水集中於底部，透過某種化學作用取出黃金。換句話說，提煉足以製作一只婚戒的黃金，會產生 20 公噸的廢棄物。

　　那些廢棄物有的放在池子裡、水壩後方、山洞裡或其他天然場址，令人不安的是，滲漏之事屢見不鮮。1995 年的蓋亞那水庫潰堤事件，20 億公升受到氰化物汙染的水流入蓋亞那作為主要航道的埃塞奎博河（Essequibo River）。1996 年時，菲律賓一條隧道坍塌，26 公里（16 英哩）的河裡塞滿含有氰化物、鎘、鉛、汞的 400 萬公噸黏膩物質。有間美國公司在巴布亞紐幾內亞境內，偷用管線將礦渣倒入一條很深的海溝裡，管線於 1997 年破裂。即使管線沒有破裂，也有數百萬公噸的廢棄物排入海裡，使周圍的生物窒息而死。[187]

　　推動禁用氰化法的行動多以失敗告終，僅有少數意外成功。蒙大拿州 1998 年通過一項由選民發起的禁制令，獲得州最高法院裁決通過，科羅拉多州不少縣及南達科達州其中一座城市雖然也通過了類似法令，卻沒有這麼幸運，因為法院裁決這些法令分別違反州的法律及聯邦法。歐洲聯盟（European Union）等機構傾向不完全禁止氰化法，不過捷克共和國及哥斯大黎加等個別國家已將氰化法列為違法行為。[188]

那為何至今仍有人使用黃金氰化法？以前的人常用汞來提煉金礦汞，黃金氰化法雖然危險，卻比汞更安全，也是目前已知最便宜、有效的方法。但希望總是出現在意外的轉角，例如出現在伊利諾州埃文斯頓（Evanston）西北大學一間化學實驗室的試管裡。2013年時，博士後研究員劉志常（Zhichang Liu，音譯）將金鹽溶液與 α-環糊精（玉米粉萃取物）混合後，震驚地發現這種方法能更有效將黃金分離出來，也比氰化物更安全。本書撰寫時，這個由蘇格蘭化學家佛瑞塞・史托達特爵士（Sir Fraser Stoddart）所主持的研究團隊，仍在研究一套實用的作業方法，如何以安全的方式將黃金自廢合金中分離出來。[189]

二十一世紀初的黃金之禍

過去數十年內的金價飛漲，背後有幾個原因：由於新進入市場的黃金不多，所以只要需求增加，供應有限，就會導致價格上揚。投資人在2008年金融危機等經濟動盪的時期都相信：即使貨幣貶值，黃金仍能保值，所以轉而投資黃金。中國與印度等國家的經濟呈指數成長，意味著有更多的人有更多的錢能夠投資。印度一度企圖透過懲罰性地提高關稅，來打壓黃金進口，卻只是導致走私更加嚴重，最近甚至出現一些逗趣的案例，如有人在飛機廁所裡藏了價值110萬元的黃金，或有旅客將467克（16.5盎司）的黃金藏在胸罩裡遭逮捕。

過去數年來，格倫・貝克（Glenn Beck）及肖恩・漢尼提（Sean

位於多倫多的巴里克黃金公司舉行 2008 年的年度股東大會時，聚集在公司大樓外的陳抗人士。

Hannity）等美國保守派時事評論家，不斷慫恿觀眾拿錢投資黃金。貝克建議觀眾投資的標的，是金麗國際有限公司（Goldline International）的古董金幣，金麗又恰好是他電視及廣播節目的贊助公司。但金麗公司在金幣與金條之間的相對價值方面，有誤導客戶之實，因此法院於2012 年命令公司將 450 萬美元退還給受騙的客戶。[190]

　　投資人可以靠著炒作黃金股市致富，但也可能嚐到苦果。1999年至 2002 年間，金價出現歷史低點，時任英國財政大臣（British Chancellor of the Exchequer）、後來成為首相的戈登・布朗（Gordon Brown）做了件不甚光彩的事情，他將英國金庫裡半數的黃金拍賣售出。後來金價上漲，布朗被控導致英國「損失」數十億英鎊。他當時拍賣的黃金，如今已高出當時數十億。事後諸葛相當容易，但情況不能單純那樣理解，因為英國政府賣出黃金後，將所得利潤投資了有價證券，即使價值不及黃金具有的潛力，仍算是價值連城。也有人說布朗當時拍賣黃金，是為了阻止銀行倒閉。因此我們也能說他當時做得並沒有錯，《金融時報》（Financial Times）的亞倫・比堤（Alan Beattie）則寫道：「任何想要玩玩的投機份子都來碰碰運氣，看能不能把這塊閃亮的金屬賺到手。因為富有國家的政府都認為，把黃金留在身邊幾乎可以說是毫無意義的。」他主張冀望政府投資一種市場，尤其是像黃金這麼反覆無常的市場，實在相當愚蠢。這主題應該會持續發酵，引發熱議。[191]

　　黃金的需求增長會產生一些嚴峻的後果。祕魯、巴布亞紐幾內亞、剛果民主共和國這三個地方清楚使我們明白，二十世紀的人會因為貪圖黃金，產生哪些人類與環境應付的代價。

祕魯馬德雷德迪奧斯地區（Madre de Dios）從 2000 年開始已出現一股淘金熱，非法開採金礦導致逾 4 萬公頃的亞馬遜雨林遭受破壞。當地的非法礦工約有 3 萬名，其中多數都是只能靠著挖礦或在礦區經營服務業，才有辦法養家活口的人。根據一份美國研究團隊的調查顯示，那裡充斥著強迫勞動、僱用童工、忽視勞工健康與安全等問題，不只如此，迫使少女成為雛妓的性販賣也很猖獗。[192]

巴布亞紐幾內亞境內的波耳蓋拉（Porgera）金礦區，每年將 600 萬公噸的廢棄物倒入波耳蓋拉河（Porgera River），使大量重金屬流到下游。這若發生在高度發展的國家，應該屬於不法行為。波耳蓋拉金礦區自 1990 年開放以來，已有逾 5 萬人湧入，但大多數人只是在礦區裡翻找低純度的金礦。當地居民多年來不斷控訴，有礦業公司的保全人員殺害並虐待這些「非法」礦工。

即使後來礦區於 2006 年轉手賣給加拿大的礦業龍頭——巴里克黃金公司（Barrick Gold），情況也幾乎未見改善。人權觀察組織（Human Rights Watch）指控巴里克黃金公司的保安部隊四處凌虐滋事，更有集體強暴非法勞工的事件頻傳，哈佛大學（Harvard University）、紐約大學（New York University）及聯合國（United Nations）的研究團隊都證實了這些指控。儘管哈佛／紐約大學研究團隊於 2010 年 10 月已明白地向加拿大政府報告類似的調查結果，加拿大下議院（the House of Commons）卻仍因許多金礦企業大力地施壓，而未能通過相關法律，無法規範加拿大企業必須適度接受海外人權紀錄的監督。縱使巴里克黃金公司有採取一些措施來遏止虐待事件，仍舊發生多次暴動，最近一次發生於 2013 年 12 月，起因

是有四名當地居民遭到私人保安部隊和政府警察殺害。[193]

　　而剛果民主共和國的情況甚至更糟。1998 年時，盧安達（Rwandan）和烏干達（Ugandan）軍隊，聯合對抗剛果 1996 年成立的獨裁政府，爆發第二次剛果戰爭（the Second Congo War），造成 350 萬人因暴力、攻擊、飢餓及醫療資源短缺而喪命。2002 年簽訂一連串條約後，多數地區都已停戰，但東北部的伊圖里（Ituri）地區仍不斷發生暴力衝突，那裡又恰好蘊藏著全世界最豐饒的金礦。大規模屠殺在當地屢見不鮮，根據英國廣播公司（BBC）估計，1998 年至 2006 年間，單單伊圖里地區就有 6 萬多人被殘忍殺害。

　　地方勢力的水火不容，並非是使衝突加劇的唯一原因。跨國企業一心想要挖到大量金礦，談判時總會將多次犯下戰爭罪行、違反人權的武裝份子帶在身邊，他們提供民兵組織資金和物資，民兵組織則帶他們找到金礦。這使飽受戰爭蹂躪地區所生產的「衝突金礦」（conflict gold）找到管道，將價值百萬元的剛果黃金經由烏干達送到歐洲煉金廠。可怕的是，這些歐洲企業選擇視而不見，漠視因拒絕調查金礦來源，使得戰爭罪犯得以繼續剝削剛果民主共和國人民的事實。[194]

　　那些富裕的國家已開始採取一些手段，來降低因開採金礦而導致的危害。2013 年，瑞士當局針對煉金廠賀利氏（Argor-Heraeus）啟動刑事調查，控告他們於 2004 年至 2005 年間加工的 3 公噸黃金，是來自剛果民主共和國武裝份子控制的區域。美國 2010 年的「陶德－法蘭克華爾街改革與消費者保護法」（Dodd-Frank Wall Street Reform and Consumer Protection Act）則要求企業主動公開說明，

他們的產品是否包含剛果民主共和國或鄰近國家的衝突礦產，並規定企業必須於 2016 年之前，進行縝密、獨立的供應鏈檢驗，了解其中是否包含衝突礦產。政府機關、民間組織及產業界為了指導採礦企業如何維護營運安全、遵守人權規範、尊重基本自由，而共同為礦業公司制訂「安全與人權自願原則」（Voluntary Principles on Security and Human Rights）。

經過土木工程（Earthworks）及樂施會（Oxfam）等社會運動團體的努力之後，已迫使四百多間珠寶公司承諾，自 2005 年開始，絕不從環保與人權紀錄惡劣的公司手中購買黃金。自發性組織責任珠寶業委員會（Responsible Jewellery Council）則鄭重宣布，他們會追蹤公司產品中的黃金來源。但由於這屬於自發性，因此即使企業違規也無法訴諸法律，批評者的控訴規定形同虛設。

或許靠著公眾輿論，才是最有效督促公司承擔更多責任，確保黃金來源的方式。跨國顧問公司資誠企業管理顧問股份有限公司（Pricewaterhouse Coopers）曾於 2013 年 7 月調查了近七百間的企業，了解這些公司是否都有用心遵守新的「陶德－法蘭克」的規定。多數企業都表示擔心若是違反規定，他們可能會流失客源、遭到消費者的抵制、重創品牌聲譽，進而影響收益。[195]

但無論是企業集團、政府機關或民間組織的努力，都尚未碰觸到問題核心，即開採金礦本身就會對環境及礦工造成傷害，只要有人願意出高價買黃金，就會有人為了挖出更多金礦而辛苦從事黑工。

本書先從黃金在人類史上最早的用途，亦即做成飾品配戴來談起。但即使人與黃金數千年來不斷交互影響，也陸續發現黃金的

各種用途，每年開採出來的黃金大多仍是被做成飾品；事實上，有人預估只要回收閒置的珠寶和故障的電子產品，就能滿足產業全數的黃金需求。人類總想把黃金戴在身上的欲望，基本上是環境和人類都須付出高昂代價的罪魁禍首。史黛芬妮‧波伊德（Stephanie Boyd）於《紐約客》（New Yorker）中介紹馬德雷德迪奧斯的文章裡提到，「如果環境破壞、少年雛妓和強迫勞動才是生產黃金的真實成本，那麼或許黃金婚禮對戒，並非真的象徵愛與信任。」[196]

參考文獻

序：尋金夢

1. Erin Wayman, 'Gold Seen in Neutron Star Debris,' Science News, CLXXXIV/4 (24 August 2013), p. 8.
2. Anne Wootton, 'Earth's Inner Fort Knox', Discover, XXVII/9, [. 18.
3. Frank Reith et al., 'Biomineralization of Gold: Biofilms on Bacterioform Gold', Science New Series, CCCXIII/5784 (14 July 2006), pp. 233-6; Chad W. Johnston, et al., 'Gold Biomineralization by a Metallophore from a Gold-associated Microbe', Nature Chemical Biology, IX/4 (2013), pp. 241-3.
4. Máirín Ní Cheallaigh, 'Mechanisms of Monument-destruction in Nineteenth-century Ireland: Anitquarian Horror, Cromwell and Gold-dreaming', Proceedings of Royal Irish Academy. Section c: Archaeology, Celtic Studies, History, Linguistics, Literature, CVIIC (2007), pp. 127-45; Frank Thone, 'Nature Ramblings: The Gold Rush', Science News-Letter, XLIII/10 (6 March 1943), p. 157.
5. Thomas Reuters GFMS Gold Survey (2014), p. 53., 網站：https://forms.thomsonreuters.com/gfms/。
6. Strabo, Geography, trans. Howard Leonard Jones (Cambridge, MA, 1924), 11.2.19.
7. Otar Lordkipanidze, 'The Golden Fleece: Myth, Euhemeristic Explanation and Archaeology,' Oxford Journal of Archaeology, XX/1 (2001), pp. 1.38.
8. Juan Rodriguez Freyle, EL Carnero: conquista y descubrimiento el Neuvo Reino de Granada (1638), vol. 1, p. 21.
9. Walter Raleigh, The Discovery of Guiana (1596).
10. Joyce Lorimer, 'Introduction' to Sir Walter Ralegh's Discoverie of

Guiana (Aldershot, 2006), plii.

11. Francisco Vazquez de Coronado, The Journey of Coronado, ed. and trans. George Parker Winship (New York, 1904), p. 174.

12. Timothy Lim, The Dead Sea Scroll: A Very Short Introduction (Oxford, 2005).

13. James A. Harrell and V. Max Brown, 'The World's Oldest Surviving Geological Map: The 115 BC Turin Papyrus from Egypt', Journal of Geology, C/I (January 1992), pp. 3-18.

14. Yvonne J. Markowitz, 'Nubian Adornment', in Ancient Nubia: African Kingdoms on the Nile, ed. Majorie M. Fisher (Cairo, 2012), pp. 186-99, 193.

15. John W. Blake, West Africa: Quest for God and Gold, 1454-1578 (London, 1937/1977).

16. 引自 Malyn Newlitt, A History of Portuguese Overseas Expansion, 1400-1668 (London, 2004), p. 27.

17. Herbert M. Cole and Doran H. Ross, The Arts of Ghana, exh. cat., Frederick S. Wight Gallery at the University of California, Los Angeles (1977), p. 134.

18. P. E. Russell, Prince Henry 'the Navigator': A Life (New Haven, CT, 2001).

19. Herodotus, Histories 3.23.4, trans. George Rawlinson (London, 1859).

第一章 黃金飾物

20. the Ninth to Fifteenth Centuries AD', Journal of the Economic and Social History of the Orient, XXXIX/3 (1996), pp. 243-86, 249.

21. Ivan Ivanov, The Birth of European Civilization (Sofia, 1992). 銅器時代（copper age）的年代並不明確，通常發生於西元前 5000 年前左右，大約是青銅器時代早期，雖然有冶銅，卻沒有透過銅錫合金，製造出更耐用的青銅器，之後更常緊接著出現開採金礦。

22. Thomas Reuters GFMS Gold Survey (2014), p. 53, http://forms.

thomsonreuters.com/gfms, p. 8.

23. Colin Renfrew, 'Varna and the Social Context of Early Metallurgy', Antiquity, LII (1978), pp. 199-203.

24. Ivan Ivanov and Maya Avramova, Varna Necropolis: The Dawn of European Civilization (Sofia, 2000), pp. 46-50.

25. Hans Wolfgang Müller and Eberhard Thiem, Gold of the Pharaohs (Cornell, NY, 1999), p. 60.

26. 'Behind the Mask of Agamemnon', Archaeology, LII/4 (July/August 1999), pp. 51-9.

27. Bernabé Cobo, Inca Religion and Customs, trans. and ed. Roland Hamilton (Austin, TX, 1990), p. 250.

28. Ralph E. Giese, The Royal Funeral Ceremony in Renaissance Faunce (Geneva, 1960), p. 33.

29. Epic of Gilgamesh, Tablet VIII, column ii.

30. André Emmerich, Sweat of the Sun and Tears of the Moon: Gold and Silver in Pre-Columbian Art (Seattle, WA, 1965), p. xxi.

31. 同上，p. 128.

32. Pliny the Elder, Natural History , trans. H. Rackham (Cambridge, MA, 1924), 33.8, 網站：http://archive.org。

33. Tertullian, Apologeticus, trans. Jeremy Collier (London, 1889), 6, 網站：www.tertullian.org .

34. Clara Estow, 'The Politics of Gold in Fourteenth Century Castile', Mediterranean Studies, VIII (North Dartmouth, MA, 1999), pp. 129-42.

35. Oviedo, Historia general y natural de lose Indios (Madrid, 1853), p. 118.

36. Rebecca Zorach, Blood, Milk, Ink, Gold: Abundance and Excess in the French Renaissance (Chicago, IL, 2005), p. 118.

37. oycelyne G. Russell, The Field of the Cloth of Gold: Men and Manners in 1520 (London, 1969).

38. Xinru Liu, Silk and Religion: An Exploration of Material Life and the Thought of People, AD 600-12000 (Oxford, 1998), p. 21.

39. Procopius, History of the Wars, VIII.xvii: 1-7.

40. 請見以下例子：Letters patentes de declaration du roy, pour la reformation du luxe … (Rouen, 1634).

41. 參 N. B. Harte, 'State Control of Dress and Social Change in Pre-Industrial England', in Trade, Government and Economy in Pre-Industrial England, ed. D. C. Coleman and A. H. John (London, 1976), pp. 132-65.

42. Michel de Montaigne, Essais, trans. Charles Cotton (London, 1870), p. 183.

43. Martin du Bellay, Mémoires de Martin du Bellay (Paris, 1569), p.16.

44. John Fisher, Here After Ensueth Two Fruytfull Sermons … (London, 1532), f, B2r.

45. 欲了解現代金織布的發展，請參 J. P. P. Higgins, Cloth of Gold: A History of Metallised Textiles (London. 1993).

46. Marcel Proust, A La Recherche du temps perdu (Paris, 1987-9), vol. 111, pp. 895-6.

47. Deborah Nadoolman Landis, Dressed: A Century of Hollywood Costume Design (New York, 2007), p. 244.

48. 參 Krista Thompson, 'The Sound of Light: Reflection on Art History in the Visual Culture of Hip-pop', Art Bulletin, XCI/4 (December 2009), pp. 481-505.

第二章 黃金、宗教與權力

49. Thanapol (Lamduan) Chardchaidee, Thailand in my Youth (Bangkok, 2003), pp. 59-68.

50. David Lorton, trans. The Gods of Egypt (Ithaca, NY, 2001), p. 44; Sydney Hervé Aufrère, L'Univers minéral dans la pensée egyptienne (Cairo, 2001), vol. 11, p, 380.

51. David Gordon White, The Alchemical Body (Chicago, IL, 1996), pp. 189-91.

52. Adam Herring, 'Shimmering Foundation: The Twelve-angled Stone of Inca Cusco', Critical Inquiry, XXXVII/I (Autumn 2010), pp. 60-105, p. 97; Gordon McEwan, The Incas: New Perspectives, (New York, 2008), p. 156.

53. Herodotus, History, IV。亦請參 Michael L. Walter, Buddhism and Empire (Leiden, Boston and Tokyo, 2009). pp. 287-91.

54. V. N. Basilov, Nomads of Eurasia, exh. cat. (Natural History Museum of Los Angeles County, 1989).

55. A. Kyerematen, 'The Royal Stools of Ashanti', Africa: Journal of the International African Institute, XXXIX/1 (January 1969), pp. 1-10, 3-4.

56. Dominic Janes, God and Gold in Late Antiquity (Cambridge, 1998), pp. 55-60.

57. 同上，pp. 110-12.

58. 同上，pp. 74-5.

59. St. Jerome, Letter XXII.

60. Alain George, The Rise of Islamic Calligraphy (London, 2010), p. 91.

61. 同上，pp. 74-5.

62. Christopher De Hamel, The British Library Guide to Manuscript Illumination: History and Techniques (Toronto, 2001), pp. 69-70.

63. Peter T. Struck, Birth of the Symbol: Ancient Readers at the Limits of their Texts (Princeton, NJ, 2009), p. 231.

64. Erwin Panofsky, trans., Abbot Suger on the Abbey Church of St Denis and its Art Treasures (Princeton, NJ, 1946), pp. 101, 107.

65. Susan Solway, 'Ancient Numismatics and Medieval Art: The Numismatic Sources of Some Medieval Imagery', PhD dissertation, Northwestern University, Evanston, Illinois (1981), pp. 70-71.

66. Thiofrid of Echternach, Flores epytaphii sanctorum, 引自 Martina Bagnoli, 'The Stuff of Heaven : Materials and Craftsmanship in Medieval Reliquaries', in Treasures of Heaven: Saints, Relics and Devotion in Medieval Europe, ed. Martina Bagnoli (London, 2011), pp. 137-47 (p. 137).

67. Cynthia Hahn, 'The Spectacle of the Charismatic Body: Patrons,

Artists, and Body-part Reliquaries', in Treasures, ed. Bagnoli, p. 170.

68. Pamela Sheingorn, ed. and trans., The Book of Sainte Foy (Philadelphia, PA, 1995), p. 78.4

69. Erik Thunø, 'The Golden Altar of Sant'Ambrogio in Milan', in Decorating the Lord's Table: On the Dynamics Between Image and Altar in the Middle Ages, ed. Søren Kaspersen and Erik Thunø (Copenhagen, 2006), pp. 63-78, 67.

70. 2 同上，p. 70.

71. 同上。

72. Yi-t'ung Want, trans., The Record of Buddhist Monasteries in Lo-Yang (Princeton, NJ, 1984), pp. 16, 20-21.

73. Richard H. Davis, ed., Images, Miracles, and Authority in Asian Religious Traditions (Boulder, co, 1998), p. 25.

74. John Kieschnick, The Impact of Buddhism on Chinese Material Culture (Princeton, NJ, 2003), p. 108.

75. 同上，p. 12.

76. Eric Robert Reinders, 'Buddhist Rituals of Obeisance and the Contestation of the Monk's Body in Medieval China', PhD dissertation, University of California at Santa Barbara (1997), p. 65.

77. Apinan Poshyananda, Montien Boonma: Temple of the Mind (New York, 2003), p. 35.

第三章 以金為幣

78. Herodotus, Histories, trans. A. D. Godfrey (Cambridge MA, 1920), 1.29-45, 1.85-9。網站：www.perseus.tufts.edu; Archilochus, fragment 14.

79. Andrew Ramage and Paul Craddock, King Croesus' Gold: Excavations at Sardis and the History of Gold Refining (Cambridge, MA, 2000).

80. Homer, The Iliad, trans. Richmond Lattimore (Chicago, IL, 1951), 6.234-6.

81. Lady Charlotte Guest, The Mabinogion (London, 1838-49).

82. Sitta von Reden, Money in Ptolemaic Egypt: From the Macedonian Conquest to the End of the third Century BC (Cambridge, 2007).

83. Aristophanes, The Frogs, trans. David Barrett (New York, 1964), pp. 19-24.

84. The Monetary Systems of the Greeks and Romans, ed. W. V. Harris (Oxford, 2008).

85. 引自 Homer Dubs, 'An Ancient Chinese Stock of Gold', Journal of Economic History, XX/1 (May 1942), pp. 36-9.

86. Ban Gu, The History of the Former Han Dynasty, trans. Homer Dubs, vol. 111(Baltimore, MD, 1955), chapter 99, p. 458.

87. Homer Dubs, 'Wang Mang and His Economic Reforms', T'oung Pao (second series), XXXV/4 (1940), pp. 219-65.

88. The History of the Former Han Dynasty, trans. Homer Dubs, vol. 111, chapter 99, p. 437.

89. 引自 Joseph Needham and Lu Gwei-Djen, Science and Civilisations in China (Cambridge, 1974), vol. v, part 2, p. 259.

90. China Institute Gallery, New York, Providing for the Afterlife: 'Brilliant Artifacts' from Shandong, exh. cat. (2005).

91. Ban Gu, The History of the Former Han Dynasty, 引自 Robert Wicks, Money , Markets, and Trade in Early Southeast Asia: The Development of Indigenous Monetary Systems to AD 1400 (Ithaca, NY, 1992), p. 22.

92. Wicks, Ban Gu, Money , Markets, and Trade in Early Southeast Asia, p. 25.

93. Steven Bryan, The Gold Standard at the Turn of the Twentieth Century: Rising Powers, Global Money, and the Age of Empire (New York, 2010).

94. 同上，p. 45.

95. Glyn Davies, A History of Money: From Ancient Times to the Present Day (Cardiff, 2002), p. 376.

96. 引自同上，p. 380.

97. Davies, A History of Money, p. 156.

98. 同上，p. 253.

99. Bradley A. Hansn, 'The Fable of the Allegory: The Wizard of Oz in Economics', Journal of Economic Education, XXXIII/3 (Summer 2002), pp. 254-64.

100. David Tripp, Illegal Tender: Gold, Greed, and the Mystery of the Last 1933 Double Eagle (New York, 2013).

101. Susanna Kim, 'Judge Says 10 Rare Gold Coins Worth $80 Million Belong to the Uncle Sam', ABC News (online), 6 September 2012, http://abcnews.go.com .

第四章 金藝求精

102. 'China, §XIII, 20:Paper', Grove Dictionary of Art.

103. Francis Augustus MacNutt, De Orbe Novo: The Eight Decades of Peter Martyr D'Anghera (New York and London, 1912), vol. 1, p. 220.

104. Antonio Averlino (Filarete), Treatise on Architecture, trans. John R. Spencer (New Haven, CT, and London, 1965), p. 320(187r). 引自 Luke Syson and Dora Thornton, Objects of Virtue (Lose Angeles, CA, 2001), p. 89.

105. Thomas Sturge Moore, Albert Durer (London and New York, 1905), p. 147.

106. Joel W. Grossman, 'An Ancient Gold Worker's Tool Kit: The Earliest Metal Technology in Peru', Archaeology, XXV/4 (1972), pp. 270-75.

107. Heather Lechtman, 'Andean Value Systems and the Development of prehistoric Metallurgy', Technology and Culture, XXV/1 (January 1984), pp. 1-36.

108. Richard L. Burger, 'Chavín', in Andean Art at Dumbarton Oaks, ed. Elizabeth hill Boone (Washington, DC, 1996), pp/ 45-86, 50, 67-70.

109. Andre Emmerich, Sweat of the Sun and Tears of the Moon: Gold and Silver in Pre-Columbian Art (Seattle, WA, 1965), p. xix。亦請參 M. Noguez et al., 'About the Pre-Hispanic Au-Pt "Sintering" Technique

for Making Alloys', Journal of the Minerals, Metals, and Materials Society, v/5 (2006., pp. 38-43.

110. Heather Lechtman, 'The Inka, and Andean Metallurgical Tradition', in Variations in the Expression of Inka Power, ed. R. Matos, R. Burger and C. Morris (Washington, DC, 2007), pp. 314-15.

111. 同上，pp. 322-3.

112. Lechtman, 'Andean Value Systems', p. 32.

113. Lechtman, 'The Inka', pp. 319-20.

114. 同上，pp.313.

115. Pedro de Cieza de León, The Second Part of the Chronicle of Peru, ed. Sir Clements Robert Markham (London, 1883), pp. 85-6.

116. Adam Herring, 'Shimmering Foundation: The Twelve-angled Stone of Inca Cusco', Critical Inquiry, XXXVII/1 (Chicago, IL, 2010), p. 89.

117. María Alicia Uribe Villegas and Marcos Martinón Torres, 'Composition, Colour and Context in Muisca Votive Metalwork (Colombia, AD 600-1800)', Antiquity, LXXXVI (2012), pp. 772-91, p.777.

118. Dorothy Hosler, 'West Mexican Metallurgy: Revisited and Revised', Journal of World Prehistory, XXII/3 (2009), pp. 185-212.

119. Emmerich, Sweat of the Sun, p. xx, 引用 F. T. de Benavete Motolinía, Historia de los Indios de la Nueva España, Colección de documentos para la historia de México, vol. 1 (Mexico City, 1858), vol. 1, ch. xiii.

120. Hernán Cortés, Despatches of Hernando Cortés, the Conqueror of Mexico, Addressed to the Emperor Charles V, trans. and ed. George Folsom (New York, 1843), p.10.

121. Christian F. Feest, 'The Collecting of American Indian Artifacts in Europe, 1493-1750', in America in European Consciousness, 1493-1750, ed. Karen Ordahl Kupperman (Williamsburg, VA, 1995), pp. 324-60.

122. John Cherry, Goldsmiths (Toronto, 1992), pp. 68-9.

123. Martina Bagnoli, 'The Stuff of Heaven: Materials and Craftmanship in Medieval Reliquaries', in Treasures of Heaven: Saints, Relics and Devotion in Medieval Europe, ed. Martina Bagnoli (London, 2011), p.

138.

124. R. W. Lightbown, 'Ex-botos in Gold and Silver: A Forgotten Art', Burlington Magazine, CXXI/915 (1979), pp. 352-7, 359, 335. Canonico Pietro Paolo Raffaelli, 'Brevissima indicatio Pontius quam descriptio donorum quibus alma domus olim Nazarena, nunc lauretana deiparae virginis decoratur', in Lauretanae historiae libri quinque, ed. Orazio Torsellini (Venice, 1727), p. 387.

125. Emmerich, Sweat of the Sun, p. xxi, 引用 E. G. Squier, 'More about the Gold Discoveries of the Isthmus', Harper's Weekly, 20, August 1859.

126. Syson and Thornton, Objects of Virtue, pp. 102-8.

127. Giorgio Vasari, The Lives of the Most Excellent Painters, Sculptors, and Architects, trans. Gaston du C. de Vere (New York, 2007), p. 187.

128. Jeffrey Chipps Smith, Art of the Goldsmith in Late Fifteenth-century Germany (New Haven, CT, 2006), p. 25.

129. 同上，p. 27.

130. Jaroslav Folda, 'Sacred Objects with Holy Light: Byzantine Icons with Chrysography', in Byzantine Religious Culture: Studies in Honor of Alice-Mary Talbot, ed. Denis Sullivan, Elizabeth Fisher and Stratis Papaioannou (Leiden, 2012), p. 155.

131. 請參 Irma Passeri, 'Gold Coins and Gold Leaf in Early Italian Paintings', in The Matter of Art, ed. Christy Anderson, Anne Dunlop and Pamela Smith (Manchester, 2015), pp. 97-115.

132. Leon Battista Alberti, On Painting, trans. John Spencer (New Haven, CT, 1966), p. 85.

133. Julia Bryan Wilson, Art Workers: Radical Practice in the Vietnam War Era (Berkeley, CA, 2000), pp. 65-6.

134. Lisa Gralnick, Lisa Gralnick, The Gold Standard, exh. cat., Bellevue Arts Museum, Bellevue, Washington (2000).

135. Sarah Lowndes, 'Learned By Heart: The Paintings of Richard Wright', in Richard Wright, exh. cat., Gagosian Gallery, London (New York, 2000), p. 59.

136. Richard Wright, 'Artist Richard Wright on How He Draws', www.

theguardian.com, 19 September, 2009.

第五章 從煉金術到外太空：黃金的科學用途

137. Mark S. Morrisson, Modern Alchemy: Occultism and the Emergence of Atomic Theory (Oxford, 2007).

138. Francis Bacon, The Two Books of the Proficience and Advancement of Learning Divine and Humane (Oxford, 1605), 22v.

139. Theophilus, On Divers Arts, trans. John G. Hawthorne and Cyril Stanley Smith (Mineola, NY, 2012), pp. 36-8.

140. 請參 Lynn Thorndike, A History of Magic and Experimental Science (1958), vol. 1, p. 194, 及 Jack Lindsay, Origins of Alchemy in Graeco-Roman Egypt (London, 1970), p. 54.

141. M. Berthelot, Introduction à l'étude de la chimie des anciens et du Moyen Âge (Paris, 1899), p.20.

142. Lindsay, Origins of Alchemy in Graeco-Roman Egypt, pp. 60-61.

143. Stanton J. Linden, ed., The Alchemy Reader: from Hermes Trismegistus to Isaac Newton (New York, 2003), p. 20.

144. Sydney Hervé Aufrére, L'Univers minéral dans la pensée egyptienne (Cairo, 2001), pp. 377-9, 389-91.

145. Nathan Sivin, Chinese Alchemy: Preliminary Studies (Cambridge, MA, 1968), pp. 151-8.

146. James Ware, Alchemy, Medicine and Religion in the China of AD 320: The 'Nei Pien'of Ko Hung (Mineola, NY, 1981), p.74.

147. Joseph Needham and Lu Gwei-Djen, Science and Civilization in China (Cambridge, 1974), vol.v, part 2, section 33, part I, pp. 115-20.

148. Sivin, Chinese Alchemy, p. 25. Needham and Lu, Science and Civilization in China, p. 13.

149. 同上，pp. 12-13.

150. Ware, Alchemy, Medicine and Religion in the China of AD 320, pp. 267-8; Needham and Lu, Science and Civilization in China, p. 68-71.

151. Ware, Alchemy, Medicine and Religion in the China of AD 320, pp.50.

152. Fabrizio Pregadio, Great Clarity: Daoism and Alchemy in Early Medieval China (Stanford, CA, 2006), p.125.

153. Ku Yung, 'History of the Former Han', in Doctors, Diviners, and Magicians of Ancient China, ed. and trans. Kenneth J. DeWoskin (New York, 1983), p.38.

154. Philippe Charlier et al, 'A Gold Elixir of Youth in the 16th Century French Court', British Medical Journey, 339 (16 December 2009).

155. Frank E. Grizzard, George Washington: A Biographical Companion (Santa Barbara, CA, 2002), p. 105.

156. 請參 Paul Elliott, 'Abraham Bennet, FRS (1749-1799): A Provincial Electrician in Eighteenth-century England', Notes and Records of the Royal Society of London, LIII/1 (January 1999), pp. 59-78.

157. Michael Riordan and Lillian Hoddeson, Crystal Fire: The Invention of the Transistor and the Birth of the Information Age (New York, 1998), pp. 1-6, 132-42.

158. Hernán Cortés, Letters from Mexico, trans. Anthony Pagden (New Haven, CT, 2001), p. 29.

159. Francisco López de Górmara, La Conquista de México, ed. José Luis Rojas (Madrid, 1987), p.187, 引自 Hugh Thomas, The Conquest of Mexico (London, 1993), p. 178.

160. A. G. Debus, 'Becher, Johann Joachim', in Dictionary of Scientific Biography, ed. C. C. Gillispie, vol. 1 (New York, 1970), pp. 548-51.

161. 'American Swindler in London: One of the Rothschilds Said to have been a Victim', New York Times, 13 May 1981.

162. Brett J. Stubbs, ' "Sunbeams from Cucumbers": An Early Twentieth-century Gold-from-seawater Extraction Scheme in Northern New South Wales', Australasian and Historical Archaeology, XXVI (2008), pp. 5-12.

163. 'What Would Result in Gold were Made?', New York Times, 6 October 1912.

第六章 禍哉黃金

164. Clifford E. Trafzer and Joel R. Hyer, eds, Exterminate Them: Written Accounts of the Murder, Rape and Slavery of Native Americans during the California Gold Rush, 1848-1868 (Lansing, MI, 1990), p. ix.

165. Ovid, Metamorphoses, IV:604-62.

166. Firuza Abdullaeva, 'Kingly Flight: Nimrūd, Kay Kāvus, Alexander, or Why the Angel Has the Fish', Persica, 23 (2010), pp. 1-29.

167. Curt Gentry, The Killer Mountains: A Search for the Legendry Lost Dutchman Mine (New York, 1968).

168. Sam Ro, 'Bre-x: Inside the $6 Billion Gold Fraud that Shocked the Mining Industry', Business Insider (online), 3 October 2014, www.businessinsider.com.

169. Michael Robbins, 'The Great South-eastern Bullion Robbery', Railway Magazine, CI/649 (May 1955), pp. 315-17.

170. BBC News, 'Brinks Mat Gold: The Unsolved Mystery', 15 April 2000, http://news.bbc.co.uk.

171. Matt Roper, 'Fool's Gold: The Curse of the Brink's-Mat Gold Bullion Robbery', Mirror, 12 May 2012, www.mirror.co.uk.

172. U. S. Bureau of Labor Statistics, 2010-11 Career Guide to Industries, 網站：blu.gov.

173. Diodorus Siculus, Bibliotheca historica, trans. C. H. Oldfather (Cambridge, MA, 1935), 5.38.

174. Bill Nasson, The War for South Africa: The Anglo-Boer War, 1899-1902 (Cape Town, 2010).

175. Gary Kynoch, ' "Your Petitioners Are in Mortal Terror": The Violent World of Chinese Mineworkers in South Africa, 1904-1910', Journal of South African Studies, XXXI/3 (September 2005), pp. 531-46.

176. Kevan Starr, California: A History (New York, 2005).

177. 引自 Sucheng Chan, 'A People of Exceptional Character: Ethnic Diversity, Nativism, and Racism in the California Gold Rush', California History, LXXIX/2 (2000), pp. 44-85.

178. Trafzer and Hyer, eds, Exterminate Them.

179. Robert Hine and Johon Faragher, The American West: A New Interpretive History (New Haven, CT, 2000), p. 249.

180. David Goodman, Gold Seeking: Victoria and California in the 1850s (Stanford, CA, 1994).

181. Michael Magliari, 'Free State Slavery: Bound and Indian Labor and Slave Trafficking in California's Sacramento Valley, 1850-1864', Pacific Historical Review, LXXXI/2 (May 2012), pp. 155-92.

182. 蘇族人從未接受美國占領黑山的事實，但 1980 年時，美國最高法院發現政府當時不僅違反拉勒米堡條約，也未將土地的費用支付給蘇族。加上這一百年的代管利息，欠款金額高達一億美金。但蘇族人不接受這筆酬勞，而是要求政府歸還土地。因此這筆酬勞仍存放於原住民事務部（Bureau of Indian Affairs）的帳戶中累積複利，截至 2020 年，金額已高達 57,000 萬美元。

183. Vivian Schueler, Tobias Kuemmerle and Hilmar Schröder, 'Impacts of Surface Gold Mining on Land Use Systems in Western Ghana', Ambio, XL/5 (July 2011), pp. 528-39.

184. Charles Wallace Miller, The Automobile Gold Rushes and Depression Era Mining (Moscow, ID, 1998).

185. Tom Phillips, 'Brazilian Goldminers Flock to "New Eldorado"', The Guardian (online), 11 January 2007, www.theguardian.com.

186. United Nations Environmental Programme, 'The Cyanide Spill at Baia Mare, Romania: Before, During, After' (Szentendre, 2000).

187. Scott Fields, 'Tarnishing the Earth: Gold Mining's Dirty Secret', Environmental Health Perspectives, CIX/10 (October 2001): A474-A481.

188. Jan Laitos, 'The Current Status of Cyanide Regulations', Engineering and Mining Journal, 24 February 2012, www.e-mj.com.

189. James Urquhart, 'Sugar Solution to Toxic Gold Recovery', Chemistry World (online) , 15 May 2013, www.rsc.org.

190. Coinweek (online), 'Goldline International Placed Under Injunction, Ordered to Change Sales Practices', 22 February 2012, www.coinweek.com.

191. 欲了解布朗當時是為了避免銀行倒閉的說法，請參 Thomas Pascoe, 'Revealed: Why Gordon Brown Sold Britain's Gold at a Knock-down Price', The Telegraph (online), 5 July 2012, http://blogs.telegraph.co.uk. 欲了解布朗出售黃金辯護的理由，請參 Alan Beattie, 'Britain Was Right to Sell Off Its Pile of Gold', Financial Times (online), 4 May 2011, www.ft.com.

192. Stephanie Boyd, 'Who's to Blame for Peru's Gold-mining Troubles?', New Yorker (online), 28 October 2013, www.newyoker.com.

193. Human Rights Watch, Gold's Costly Dividend: Human Rights Impacts of Papua New Guinea's Porgera Gold Mine (Human Rights Watch, 2011), 網站：www.hrw.org.

194. Human Rights Watch, The Curse of Gold: Democratic Republic of Congo (Human Rights Watch, 2005), 網站：www.hrw.org.

195. PricewaterhouseCoopers, 'Dodd-Frank Section 1502: Conflict Minerals', 瀏覽日期：2015 年 10 月 8 日。

196. Boyd, 'Who's to Blame for Peru's Gold-mining Troubles?'

精選書目

Bagnoli, Martina ed., *Treasures of Heaven: Saints, Relics and Devotion in Medieval Europe,* (London, 2011)

Basilov, V. N., *Nomads of Eurasia* (Seattle, WA, 1980)

'Behind the Mask of Agamemnon', *Arachaeology*, LII/4 (July/August 1999), pp. 51-9

Blake, John W., *West Africa: Quest for God and Gold, 1454-1578* (London, 1937/1977)

Boyd, Stephanie, 'Who's to Blame for Peru's Gold-mining Troubles?', *New Yorker*, 28 October 2013

Bryan, Steven, *The Gold Standard at the Turn of the Twentieth Century: Rising Powers, Global Money, and the Age of Empire* (New York, 2010)

Cherry, John, *Goldsmiths* (Toronto, 1992)

Cole, Herbert M., and Doran h. Ross, *The Arts of Ghana*, exh. cat., Frederick S. Wight Gallery at the University of California, Lose Angels (1977)

Craddock, Paul, *Early Metal Mining and Production* (Washington, DC, 1995)

Davies, Glyn, *A History of Money: From Ancient Times to the Present Day* (Cardiff, 2002)

De Hamel, Christopher, *The British Library Guide to Manuscript Illumination: History and Techniques* (Toronto, 2001)

Emmerich, André, *Sweat of the Sun and Tears of the Moon: Gold and Silver in Pre-Columbian Art* (Seattle, WA, 1965)

Fields, Scott, 'Tarnishing the Earth: Gold Mining's Dirty Secret', *Environmental Health Perspectives*, CIX/10 (October 2001), pp. A474-A481.

Gentry, Curt, *The Killer Mountains: A Search for the Legendary Lost Dutchman Mine* (New York, 1968)

George, Alain, *The Rise of Islamic Calligraphy* (London, 2010)

Goodman, David, *Gold Seeking: Victoria and California in the 1850s* (Stanford, CA, 1994)

Gralnick, Lisa, *Lisa Gralnick, The Gold Standard*, exh. cat., Bellevue Arts Museum, Bellevue, Washington (2010)

Grossman, Joel W., 'An Ancient Gold Worker's Tool Kit: The Earliest Metal Technology in Peru', *Archaeology*, XXV/4 (1972), pp. 270-75

Harris, W. V., ed., *The Monetary Systems of the Greeks and Romans* (Oxford, 2008)

Higgins, J. P. P., *Cloth of Gold: A History of Metallised Textiles* (London, 1993)

Human Rights Watch, *The Curse of Gold: Democratic Republic of Congo* (New York, 2005)

——, *Gold's Costly Dividend: Human Rights Impacts of Papua New Guinea's Porgera Gold Mine* (New York, 2011)

Ivanov, Ivan, and Maya Avramova, *Varna Necropolis: The Dawn of European Civilization* (Sofia, 2000)

Janes, Dominic, *Gold and Gold in the Late Antiquity* (Cambridge, 1998)

Kaspersen, Søren, and Erik Thunø, eds, *Decorating the Lord's Table: On the Dynamics Between Image and Altar in the Middle Ages*, (Copenhagen, 2006)

Kieschnick, John, *The Impact of Buddhism on Chinese Material Culture* (Princeton, NJ, 2003)

Kupperman, Karen Ordahl, ed., *America in European Consciousness*, 1493-1750 (Williamsburg, VA, 1995)

Kyerematen, A., 'The Royal Stools of Ashanti', *Africa: Journal of the International African Institute*, XXXIX/1 (January 1969), pp. 1-10

La Niece, Susan, *Gold* (London, 2009)

Landis, Deborah Nadoolman, *Dressed: A Century of Hollywood Costume Design* (New York, 2007)

Lechtman, Heather, 'Andean Value Systems and the Development of Prehistoric Metallurgy', *Technology and Culture*, XXV/1 (January 1984), pp.1-36

Linden, Stanton J., ed., *The Alchemy Reader: From Hermes Trismegistus to Isaac Newton* (New York, 2003)

Magliari, Michael, 'Free State Slavery: Bound Indian Labor and Slave Trafficking in California's Sacramento Valley, 1850-1864', *Pacific Historical Review*, LXXXI/2 (May 2012), pp. 155-92

Markowitz, Yvonne J., 'Nubian Adornment', in *Ancient Nubia: African Kingdoms on the Nile*, ed. Marjorie M. Fisher (Cairo, 2012), pp. 186-93

Matos, R., R. Burger and C. Morris, eds, *Variations in the Expression of Inka Power* (Washington, DC, 2007)

Müller, Hans Wolfgang, and Eberhard Thiem, Gold of the Pharaohs (Cornell, NY, 1999)

Nasson, Bill, *The War for South Africa: The Anglo-Boer War, 1899-1902* (Cape Town, 2010)

Needham, Joseph, and Lu Gqwi-Djen, *Sciences and Civilization in China*, vol. v (Cambridge, 1974)

Newlitt, Malyn, *A History of Portuguese Overseas Expansion*, 1400-1668 (London, 2004)

Panofsky, Erwin, trans., *Abbot Suger on the Abbey Church of St Denis and its Art Treasures* (Princeton, NJ 1946)

Raleigh, Walter, *Sir Walter Raleigh's Discoverie of Guiana* 〔1596〕, ed. Joyce Lorimer (London, 2006)

Ramage, Andrew, and Paul Craddock, *King Croesus' Gold: Excavations at Sardis and the History of Gold Refining* (Cambridge, MA, 2000)

Riordan, Michael, and Lillian Hoddeson, *Crystal Fire: The Invention of the Transistor and the Birth of the Information Age* (New Haven, CT, 2001)

Russell, P. E., *Prince Henry 'the Navigator': A Life* (New Haven, CT, 2001)

Sheingorn, Pamela, ed. and trans. *The Book of Sainte Foy* (Philadelphia, PA, 1995)

Starr, Kevin, *California: A History* (New York, 2005)

Syson, Luke, and Dora Thornton, *Objects of Virtue* (Los Angeles, CA, 2001)

Thorndike, Lynn, *A History of Magic and Experimental Science* (New York, 1958)

Trafzer, Clifford E., and Joel R. Hyer, eds, *Exterminate Them: written Accounts of the Murder, Rape, and Slavery of Native American during the California Gold Rush, 1848-1868* (Lansing, MI, 1999)

Tripp, David, *Illegal Tender: Gold, Greed, and the Mystery of the Lost 1933 Double Eagle* (New York, 2013)

Vázquez de Coronado, Francisco, *The Journey of Coronado*, ed. and trans. George Parker Winship (New York, 1904)

Venable, Shannon, *Gold: A Cultural Encyclopedia* (Santa Barbra, CA, 2011)

von Reden, Sitta, *Money in Ptolemaic Egypt: From the Macedonian Conquest to the End of the Third Century BC* (Cambridge, 2007)

Walter, Michael L., *Buddhism and Empire* (Leiden, Boston and Tokyo, 2009)

Wardwell, Allen, exh. cat., Museum of Fine Arts, Boston (Greenwich, CT, 1968)

Weston, Rae, *Gold: A World Survey* (London and Canberra, 1983)

White, David Gordon, *The Alchemical Body* (Chicago, IL, 1996)

Zorach, Rebecca, *Blood, Milk, Ink, Gold: Abundance and Excess in the French Renaissance* (Chicago, IL, 2005)

協會與網站

The Alchemy Website
www.levity.com/alchemy

American Numismatic Association
www.money.org

American Numismatic Society
www.numismatics.org

British Museum's Citi Money Gallery
www.britishmuseum.org/explore/themes/money.aspx

British Numismatic
Society www.britnumsoc.org

California State Mining and Mineral Museum
www.parks.ca.gov

Field Museum (Chicago): Gold
archive.fieldmuseum.org/gold

Institute of Materials, Minerals and Mining (iom3)
www.iom3.org

Leaves of Gold Learning Center
www.philamuseum.org/micro_sites/exhibitions/leavesofgold/learn

Mining History Association
www.mininghistoryassociation.org

MiningWatch Canada
www.miningwatch.ca

Museo del Oro (Gold Museum)
www.banrepcultural.org/gold-museum

National Mining Association
www.nma.org

Oriental Numismatic Society
www.onsnumis.org

Protest Barrick
www.protestbarrick.net

Royal Numismatic Society
www.numismatics.org.uk

Underground Gold Miners Museum
www.undergroundgold.com

World Gold Council
www.gold.org

致謝

我們的研究助理凱特‧亞基爾（Kate Aguirre）及安娜─克萊兒‧史汀賓恩（Anna-Claire Stinebring），長時間為了這本書盡心盡力，本書能夠完成，他們居功厥偉。艾利克斯‧瑪拉基尼（Alex Marraccini）及南希‧席飽（Nancy Thebaut）在研究方面提供的協助，使我們如虎添翼。我們感謝蘇珊‧布萊爾（Suzanne Preston Blier）、克勞蒂亞‧（Claudia Brittenham）、茱莉亞‧柯恩（Julia Cohen）、荷麗‧愛德華茲（Holly Edwards）、威廉‧愛特（William Etter）、羅伯特‧尼爾森（Robert S. Nelson）及布萊恩‧羅賓森（Brian Robinson）提供專業意見，也感謝許多版權所有人願意提供圖片，畫龍點睛。我們也要感謝威廉斯學院（Williams College）、校內的藝術史系畢業展、威廉斯學院圖書館（Williams College Library）及克拉克藝術中心圖書館（Clark Art Institute Library）提供舒適的場地及豐富的資源，使本書得以完成。

我們的兒子傑西‧奧立佛‧左拉克─菲利普（Jesse Oliver Zorach-Phillips）於 2012 年誕生，由於必須分心照顧這可愛的小人兒，造成本書些許延宕。謹將本書獻給他，希望在他未來成長的世界裡，人們會認為和平與公義比黃金更有價值。

圖片來源

本書作者與出版社，由衷感謝以下人士願意提供插圖並／或允許轉載。（以下將列出因篇幅關係而無法在圖片下方說明的內容。）

安大略省多倫多阿迦汗博物館（Aga Khan Museum）（照片©AKM）：第 89、216 頁；照片，大衛·阿奎爾（David Aquirre）：第 78 頁（讀者可自由以影印、散布、傳播及重混方式分享，但僅限符合著作人或授權人指定的姓名標示方式情況下，才得以進行變更〔但絕不能暗示使用者本人或作品的使用背後獲得著作人及授權人的擔保〕），同時亦獲「相同方式分享」授權，亦即使用人修改、改造或以此為基礎創作，僅可於採用相同或相似授權條款的情況下，散布衍生作品；第 174 頁：承蒙藝術家（艾爾·安納祖）及紐約傑克·史恩曼畫廊（Jack Shainman Gallery）提供，喬凡尼·潘尼可（Giovanni Panico）拍攝；第十七世紀的佚名照片，公眾領域：第 131 頁；承蒙美國電話電報公司檔案館暨歷史中心（AT&T Archive and History Center）提供：第 200 頁；慕尼黑巴伐利亞邦立圖書館（Bayerische Staatsbibliothek），照片：第 185 頁；巴黎法國國家圖書館（Biliothèque nationale de France）：第 31、85 頁（照片©法國國家圖書館，法國國家博物館聯會巴黎大皇宮博物館〔RMN-Grand palais〕/ 紐約藝術資源中心〔Art Resource〕有散布權）、第 91 頁（照片©法國國家圖書館，法國國家博物館聯會巴黎大皇宮博物館 / 紐約藝術資源中心有散布權）；承蒙藝術家蒙天·布馬及泰國曼谷南通畫廊

承蒙洛杉磯蓋蒂博物館（The J. Paul Getty Museum）（蓋蒂開放圖庫〔Getty Open Content〕圖片）提供：第 11、118 頁；亞當‧瓊斯（Adam Jones）拍攝：第 72 頁（這份檔案已獲創用 CC 姓名標示－相同方式分享授權條款 2.0，因此讀者可自由以影印、散布、傳播及重混方式分享，但僅限符合著作人或授權人指定的姓名標示方式情況下，才得以進行變更〔但絕不能暗示使用者本人或作品的使用背後獲得著作人及授權人的擔保〕，「相同方式分享」條款，亦即使用人修改、改造或以此為基礎創作，僅可於採用相同或相似授權條款的情況下，散布衍生作品）；安曼（Amman）約旦博物館（Jordan Museum）：第 27 頁（該頁下角）；維也納藝術史博物館提供：第 142（安德烈斯‧普烈科〔Andreas Praefke〕拍攝）、157、166 ～ 167 頁（照片，萊辛 / 紐約藝術資源中心提供）；羅夫－安德烈‧雷托（Ralf-Andre Lettau）拍攝：第 75 頁；華盛頓特區國會圖書館印刷與圖片組（Library of Congress Prints and Photographs Division）：第 14、19、132、215、222、223、226 ～ 227 頁；艾倫‧李斯奈（Allan Lissner）拍攝／巴里克抗議網站（ProtestBarrick）照片，獲攝影者許可轉載：第 232 ～ 233 頁；大都會藝術博物館（Metropolitan Museum of Art）：第 18（哈里斯‧布里斯班‧迪克基金會〔Harris Brisbane Dick Fund〕，1934 年，登錄號：34‧11‧7）、62（2007 年購，服裝學院之友捐贈〔Friends of The Costume Institute Gifts〕）、91（H. O. 哈梅耶典藏〔H. O. Havemeyer Collection〕，霍拉斯‧哈梅耶〔Horace Havemeyer〕贈，1929 年〔29‧160‧23〕）、114、145（弗來徹基金會〔Fletcher Fund〕，1963 年〔63‧210‧67〕）、148（2003 年購，珍‧米契爾捐贈〔Jan Mitchell Gift〕）、159（羅伯特‧雷曼典藏〔Robert Lehman Collection〕1975 年〔1975‧1‧

110〕）、189 頁（登錄號：2011‧302，2011 年購，C. G. 波納捐贈〔C. G. Boerner Gift〕）；照片，明尼阿玻里美術館（Minneapolis Institute of Arts）：第 224 頁；香提（Chantilly）孔德博物館（Musée Condé）：第 147（65 號手抄本，四號資料夾，芮妮－加比列‧歐何達〔René-Gabriel Ojéda〕拍攝，© 法國國家博物館聯會巴黎大皇宮博物館／紐約藝術資源中心）、196 頁（照片，萊辛／紐約藝術資源中心）；巴黎羅浮宮（Musée du Louvre）：第 52 ～ 53 頁（照片，萊辛 / 紐約藝術資源中心）；埃庫昂（Écouen）國立文藝復興博物館（Musée National de la Renaissance）：第 60 ～ 61 頁（史提凡‧馬雷夏爾〔Stéphane Maréchalle〕拍攝，© 法國國家博物館聯會巴黎大皇宮博物館／紐約藝術資源中心）；墨西哥市國立人類學圖書館（Museo Nacional de Antropologia）：第 48 頁；祕魯蘭巴耶克（Lambayeque）西潘王陵寢博物館（Museo Tumbas Reales de Sipán）：第 151 頁（照片，承蒙西潘王陵寢博物館提供）；波士頓美術館（Museum of Fine Arts）：第 30 頁；照片，美國國家航空暨太空總署 / 克里斯‧甘恩（Chris Gunn）：第 199 頁；照片，美國國家航空暨太空總署 / 噴射推進實驗室（JPL）：第 198 頁；雅典國家考古博物館（National Archaeological Museum）：第 45 頁；都柏的愛爾蘭國家博物館（National Museum of Ireland）：第 102 頁（照片，溫納‧〔Werner Forman〕／紐約藝術資源中心提供）；照片，（尼可拉斯〔Nicholas〕，別名尼恰拉普〔nichalp〕）拍攝，根據創用 CC「姓名標示－以相同方式分享」授權條款 2.5 自訂版許可轉載：第 76 頁（這份檔案已獲創用 CC「姓名標示－以相同方式分享」授權條款 2.5 通用版授權，因此讀者可自由以影印、散布、傳播及重混方式分享，但僅限符合著作人或授權人指定的姓名標示方式情況下，

才得以進行變更〔但絕不能暗示使用者本人或作品的使用背後獲得著作人及授權人的擔保〕，同時亦獲「相同方式分享」授權，亦即使用人修改、改造或以此為基礎創作，僅可於採用相同或相似授權條款的情況下，散布衍生作品〕；承蒙澳洲警察局（PD-Australia）提供：第 9 頁；紐約摩根圖書館與博物館（Pierpont Morgan Library and Museum）：第 94 ～ 95 頁；私人珍藏：第 175 頁（©2014 年，紐約藝術家權利學會〔Artist Rights Society，ARS〕；巴黎法國圖像和造型藝術傳播協會〔ADAGP〕，MG 1 －圖片來源〔Banque d'Images〕，法國圖像和造型藝術傳播協會 / 紐約藝術資源中心）；皇家典藏中心（Royal Collection）：第 54 ～ 55 頁（皇家典藏庫存編號 405794）；照片，德勒斯登薩克森州立與大學圖書館（Sächsische Landesbibliothek-Staats-und Universitätsbibliothek Dresden）：第 190 頁；照片，斯卡拉 / 文化資產與文化活動部（Scala/Ministero per i Beni e le Attivitá culturali）／紐約藝術資源中心：第 86 ～ 87 頁；聖斐德斯修道院（Abbey Ste, Foy, Conques）寶庫：第 103 頁（照片，萊辛 / 紐約藝術資源中心）；承蒙馬里蘭州貝塞斯達（Bethesda）美國國家醫學圖書館（U. S. National Library of Medicine）提供：第 8 頁；照片 © 萬尼檔案館（Vanni Archive）/ 紐約藝術資源中心：第 77 頁；保加利亞瓦爾納的瓦爾納考古學博物館（Varna Archaeological Museum）：第 40 頁；照片，Yelkrokoyade：第 40 頁（這份檔案已獲創用 CC「姓名標示－以相同方式分享」授權條款 3.0 尚未本地化版授權，因此讀者可自由以影印、散布、傳播及重混方式分享，但僅限符合著作人或授權人指定的姓名標示方式情況下，才得以進行變更〔但絕不能暗示使用者本人或作品的使用背後獲得著作人及授權人的擔保〕，同時亦獲「相同方式分享」授權，亦即使用人修改、

改造或以此為基礎創作，僅可於採用相同或相似授權條款的情況下，散布衍生作品）；馬里蘭州巴爾的摩沃爾特斯藝術博物館（Walters Art Museum）：第 6 頁；照片，采軒（Xuan Che，音譯）：第 45 頁及本書封面（這份檔案已獲創用 CC「姓名標示－以相同方式分享」授權條款 2.5 通用版授權，因此讀者可自由以影印、散布、傳播及重混方式分享，但僅限符合著作人或授權人指定的姓名標示方式情況下，才得以進行變更〔但絕不能暗示使用者本人或作品的使用背後獲得著作人及授權人的擔保〕，同時亦獲「相同方式分享」授權，亦即使用人修改、改造或以此為基礎創作，僅可於採用相同或相似授權條款的情況下，散布衍生作品）。

英中名詞對照表

人名

Abbot Suger	修道院院長蘇傑
Abraham Bennet	亞伯拉罕・班奈特
Abraham Cresques	亞伯拉罕・柯雷斯克
Abu Ubayd al-Bakri	阿布・烏貝德・巴克里
Adam Herring	亞當・赫林
Adriaen Cabeliau	艾瑞恩・卡伯利歐
Aeson	埃宋
Agni	阿耆尼
Al Capone	艾爾・卡彭
Alan Beattie	亞倫・比堤
al-Biruni	比魯尼
Albrecht Dürer	丟勒
Al-Idrisi	伊德里西
Allan Lissner	艾倫・李斯奈
al-Maqrizi	馬克里齊
Amun	阿蒙神
Andrea del Sandro	安德烈亞・德爾・薩爾托
Andrea Verrocchio	安德烈・德爾・韋羅基奧
Andreas Praefke	安德烈斯・普烈科
Andvari	安德瓦利
Antoine Galland	安托萬・加朗
Apollonius of Rhodes	羅德島的阿波羅尼奧斯
Archduke Ferdinand	羅德島的阿波羅尼奧斯
Archilochus	亞基羅古斯
Argonauts	阿爾戈英雄

Aristophanes	亞里斯多芬尼茲
Arthur Rackham	亞瑟・拉克姆
Atahualpa	阿塔瓦爾帕
Atalanta	亞特蘭妲
Atlas	亞特拉斯
Ben Johnson	班・瓊森
Benvenuto Cellini	本韋努托・切里尼
Berecynthia	貝勒金提亞
Bernard of Angers	昂熱的伯納德
Black Hills Bandits	黑山幫
Bodhidharma	達摩祖師
Brahmā	梵天
Bret Harte	布勒特・哈特
Brian J. Hudson	布萊恩・哈德森
Brian M. Fagan	布萊恩・費根
C. G. Boerner	C. G. 波納
Captain Kidd	基德船長
Carl Andre	卡爾・安德烈
Cennino Cennini	切尼諾・切尼尼
Cecco d'Ascoli	切科・達阿斯科利
Charles V	查理五世
Charlie Wilson	查理・威爾森
Cherubino Alberti	基魯比諾・阿爾伯提
Chris Gunn	克里斯・甘恩
Claude Vignon	克勞德・維農
Claudette Colbert	克勞黛考爾白
Claudius Gothicus	克勞狄二世
Comogre	卡莫格
Crazy Horse	瘋馬
Croesus	克羅西斯
Cynthia Hahn	辛希亞・哈安
Cyrus of Persia	波斯的居魯士二世

David Bellamy	大衛‧貝拉米
David Lambert	大衛‧朗柏
David Otaris dze Lordkipanidze	戴維‧洛德基帕尼茲
David Teniers II	大衛‧特尼爾斯二世
Diane de Poitiers	黛安‧德‧波迪耶
Dido	狄朵
Diego de Ordaz	迪亞哥‧奧爾達斯
Diocletian	戴克里先
Diodorus Siculus	西西里的狄奧多羅斯
Diogo Gomes	迪奧戈‧戈梅斯
Diomedes	戴奧米迪斯
Dionysus	戴歐尼修斯
Donatello	多納泰羅
Duc de Berry	Duc de Berry
Edward IV	愛德華四世
Eirenaeus Philalethes	菲拉雷瑟斯
El Anatsui	艾爾‧安納祖
Emperor Wuzong	唐武宗
Enkidu	恩奇杜
Erich Lessing	埃里希‧萊辛
Erich von Stroheim	艾瑞克‧馮‧史陀海姆
Ernest Marsden	恩內斯特‧馬斯登
Euhemerus	猶希麥如
Fafnir	法夫納
Farid al-Din Attar	法里德‧丁‧阿塔爾
Felipe Guamán Poma de Ayala	菲利佩‧瓦曼‧波馬‧德‧阿亞拉
Félix González-Torres	菲利克斯‧岡薩雷斯─托雷斯
Ferdowsi	費爾多西
Filarete	菲拉雷特
Filippo Brunelleschi	布魯內利齊
Francis I	法蘭西斯一世
Francisco Pizarro	法蘭西斯克‧皮薩羅

Francisco Vázquez de Coronado	弗朗西斯科·巴斯克斯·德·科羅納多
Frank Norris	諾里斯
Frank Wilson	法蘭克·威爾森
Fray Toribio de Motolinia	弗伊·托里比歐·德·莫多里尼亞
Fritz Lang	弗里茨朗格
Gabriel	吉卜利勒
Geber	賈比爾
George Armstrong Custer	喬治·阿姆斯壯·卡斯達
George McCann	喬治·麥肯
George Starkey	斯塔基
Georgius Agricola	格奧爾格烏斯·阿格里科拉
Gian Cristoforo Romano	吉昂·克里斯托弗羅·羅曼諾
Giorgio Vasari	喬治奧·瓦沙利
Glaucus	葛勞可斯
Glenn Beck	格倫·貝克
Glenn Seaborg	格倫·西博格
Glyn Davies	格林·戴維斯
Gonzalo Fernández de Oviedo y Valdés	貢薩洛·費爾南德斯·德·奧維耶多·伊·巴爾德斯
Gordon Brown	戈登·布朗
Gusmin of Cologne	科隆的古斯曼
Gustav Klimt	古斯塔夫·克林姆
H. Steinegger	H. 史坦艾格
Hans Geiger	漢斯·蓋格
Hans Holbein the Younger	小漢斯·霍爾班
Hans Vredeman de Vries	漢斯·弗雷德曼·德·弗里斯
Hathor	哈索爾
Heather Lechtman	海瑟·萊特曼
Heinrich Khunrath	海因理希·昆特拉
Heinrich Schliemann	海因里希·施利曼
Helle	赫勒
Henry IV	亨利四世

Henry Littlefield	亨利・萊特菲爾德
Henry Serrell	亨利・塞雷爾
Henry VIII	亨利八世
Hermes Trismegistus	赫密斯・崔斯莫吉斯堤斯
Hernán Cortés	埃爾南・科爾特斯
Herodotus	希羅多德
Hesperides	赫斯珀里得斯
Horace Havemeyer	霍拉斯・哈梅耶
Hreidmarr	赫瑞德瑪
Humphrey Bogart	亨弗萊・鮑嘉
Ibn Said	伊本・薩伊德
Ippolito d'Este	伊波利特・埃斯特
Irving Thalberg	托爾伯格
Isabella d'Este	伊莎貝拉・埃斯特
Iskandar	伊斯坎達
Jābir ibn Hayyān	查比爾・伊本・哈揚
Jacob Waltz	雅克博・瓦茲
James Hamilton	詹姆士・漢米爾頓
James W. Marshall	詹姆士・馬歇爾
Jami	雅米
Jan Mitchell	珍・米契爾
Jaroslav Folda	雅羅斯拉夫・佛達
Jason	傑森
Jean Finot	強・菲諾
Jérôme David	傑若米・大衛
Jesse Oliver Zorach-Phillips	傑西・奧立佛・左拉克－菲利普
Joan Crawford	瓊・克勞馥
Johann Joachim Becher	約翰・喬希姆・貝歇爾
John Deason	約翰・迪森
John Faragher	約翰・法拉格
John Fisher	若望・費雪
John Maynard Keynes	凱恩斯

John Withington	約翰・維辛頓
Joseph Smith	約瑟夫・史密斯
Joyce Lorimer	喬依絲・羅里默
Juan Rodríguez Freyle	胡安・弗雷勒
Justinian I	查士丁尼一世
Kay Kāvus	凱・卡烏斯
King Farouk of Egypt	埃及王法魯克
King Gyges	蓋吉斯王
King Midas	麥得斯王
King Sety I	塞提一世
Ku Yung/Gu Yong	顧雍
Kublai Khan	忽必烈
L. Frank Baum	李曼・法蘭克・鮑姆
Leon Battista Alberti	里昂・巴提薩・阿爾伯提
Leonhard Danner	里昂哈德・丹納
Limbourg brothers	林堡兄弟
Lisa Gralnick	麗莎・格蘭尼克
Lord Kitchener	基欽納勛爵
Lorenzo Ghiberti	羅倫佐・吉貝提
Louis Dalrymple	路易斯・達勒姆普
Luca della Robbia	盧卡・德拉・羅比亞
Maitreya Buddha	彌勒佛
Mansa Musa	曼薩・穆薩
Marcel Proust	馬塞爾・普魯斯特
Maria the Jewess	猶太女人瑪利亞
Mariano Fortuny	福圖尼
Marie Antoinette	瑪麗・安東妮
Mario Roberto Durán Ortiz	馬里歐・歐蒂斯
Mariordo	馬里歐多
Mark the Evangelist	福音書作者聖馬可
Martin du Bellay	馬丁・杜・貝雷
Martinez	馬丁內斯

Mary Jane Crowe	瑪莉・珍克・洛
Mary Shelley	瑪麗・雪萊
Master of the Munich Boccaccio	慕尼黑的薄伽丘大師
Michael Maier	米夏埃爾・邁爾
Michael W. Philips Jr.	小麥可・菲利普
Michel de Montaigne	米歇爾・德・蒙田
Mir Haydar	米爾・海達爾
Moctezuma	蒙特蘇馬王
Montien Boonma	蒙天・布馬
Moroni	天使摩羅乃
Nagarjuna	龍樹
Neptune	涅普頓
Nicholas of Verdun	凡爾登的尼可拉斯
Nicolas Poussin	普桑
Nikolaus Knüpfer	尼古拉斯・克尼普菲
Ornella Muti	歐奈拉慕提
Osei Tutu	奧塞・圖屠
Osiris	歐西里斯，埃及神話中的冥王
Ovid	奧維德
P. E. Russell	P. E. 羅素
Paracelsus	帕拉塞爾蘇斯
Paul Poiret	保羅・普瓦烈
Pedro de Cieza de León	佩德羅・希耶薩・德里昂
Pelias	佩利阿斯
Perseus	柏修斯
Peter Burnett	彼得・伯內特
Peter Struck	彼得・施特魯克
Peter van der Doort	彼得・范・德・多爾
Petrus Christus	克里斯圖斯
Philips Galle	菲利普・哈勒
Piero de' Medici	皮耶羅・麥迪奇
Pieter Bruegel the Elder	老彼得・布勒哲爾

Pliny the Elder	老普林尼
Polidoro da Caravaggio	波利多羅‧達‧卡拉瓦喬
Pope John XXII	教宗若望二十二世
Poseidon	波賽頓
Prajāpati	生主
Prince Henry the Navigator of Portugal	葡萄牙航海家恩里克王子
Proclus	普羅克洛
Procopius	普羅科匹厄斯
Ptolemy	托勒密
Queen Mother Yaa Asantewaa	王母阿散蒂娃
Ra	太陽神「拉」
Ralf-Andre Lettau	羅夫－安德烈‧雷托
Ramon Llull	拉蒙‧柳利
Rashidun Caliphate	正統哈里發
Raycho Marinov	睿丘‧馬利諾
Rebecca Zorach	蕾貝卡‧左拉克
Richard Cohen	理查‧柯恩
Richard Hamblyn	理查‧漢布林
Richard Oates	理查‧奧茲
Richard Wright	理查‧賴特
Robert Boyle	波以耳
Robert Hine	羅伯特‧海因
Robert Louis Stevenson	羅伯特‧路易斯‧史蒂文森
Roger Bacon	羅傑‧培根
Ron Paul	榮‧保羅
Roni Horn	羅尼‧霍恩
Rothschild banking family	羅斯柴爾德銀行家族
S. H. Redmond	S. H. 瑞德蒙
S. Lee Perkins	S. 柏金斯
Sakra	帝釋天
Salomon Trismosin	崔斯莫辛
Sam Bass	山姆‧巴斯

Sandro Botticelli	桑德羅‧波提切利
Sarah Lowndes	莎拉‧勞茲
Sean Hannity	肖恩‧漢尼提
Silenius	西雷奈斯
Simon de Passe	西蒙‧德‧帕瑟
Simone Martini	西蒙尼‧馬提尼
Sir Christopher Wren	克里斯多佛‧雷恩爵士
Sir Fraser Stoddart	佛瑞塞‧史托達特爵士
Sir Frederick Hodgson	佛萊德里克‧哈吉遜爵士
Sir Robert Cecil	羅伯特‧塞西爾爵士
Sir Walter Raleigh	沃爾特‧雷利爵士
Sitting Bull	坐牛
Solon	梭倫
St. Eustace	聖尤提斯
St. Jerome	耶柔米
St. Patrick	聖尤提斯
Ste-Foy‧St. Faith	聖斐德斯
Stephanie Boyd	史黛芬妮‧波伊德
Stéphane Maréchalle	史提凡‧馬雷夏爾
Stephen Fenton	史蒂芬‧芬頓
Steven Bryan	史蒂芬‧布萊恩
Strabo	斯特拉波
Tertullian	特土良
Theodulf	席奧道夫
Theophilus Presbyter	提歐菲魯斯‧普列斯比泰
Thiofrid of Echternach	埃希特納赫的希爾佛利德
Thomas More	湯瑪斯‧摩爾
Thorstein Veblen	范伯倫
Titian	提香
Ulysses S. Grant	尤利西斯‧S‧格蘭特
Utagawa Hiroshige	歌川廣重
V. S. Naipaul	V. S. 奈波爾

Vera List	薇拉・里斯特
Veronica Strang	薇若妮卡・史椎
Virgil	維吉爾
Viśvarūpa	宇宙神
Walter Crane	沃爾特・克蘭
William Brown	威廉・布朗
William de Brailes	威廉・德・布萊利斯
William Jennings Bryan	威廉・詹寧斯・布萊恩
William McKinley	威廉・麥金利
Yellow Emperor	黃帝
Yves Klein	克萊因
Zeno	芝諾
Zhang Sheng	張昇（音譯）
Zhichang Liu	劉志常（音譯）
Zosimos of Panopolis	帕諾波利斯的宙西摩士

地名

Aamman	安曼
Accra	阿克拉
Aea	埃亞
Alexandria	亞歷山卓城
Almaty	阿拉木圖
Amritsar	阿姆利則
Anatolia	安納托力亞
Andalusia	安達魯西亞
Apui	阿普伊
Aswan	亞斯文
Bacata	巴卡塔
Baia Mare	巴亞馬雷
Basel	巴塞爾
Bethesda	貝塞斯達

Bihar	比哈爾邦
Bimaran	畢馬蘭
Bir Umm Fawakhir	彼‧烏姆‧法瓦希爾
Bruges	布魯日
Calais	加萊
Ceuta	休達
Chantilly	香提
Chichen Itza	奇琴伊察
Chongoyape	瓊戈亞佩
church of Ste-Foy de Conques	聖斐德斯教堂
Cibola	錫沃拉
Colchis	科爾基斯
Cologne cathedral	科隆大教堂
Conques	孔克
Constantinople	君士坦丁堡
Coricancha	太陽神殿
Danube	多瑙河
Darbar Sahib	哈爾曼迪爾‧薩希卜
Delphi	德爾菲
Dolaucothi	多勞克西
Dresden	德勒斯登
Eastern Nile	東尼羅河省
Écouen	埃庫昂
El Dorado	黃金國
Eldorado do Juma	耶爾多都‧多‧珠瑪
Essequibo River	埃塞奎博河
Evanston	埃文斯頓
Ferrara	費拉拉城
French Corral	弗蘭奇科勒爾
Ghana	迦納
Great Britain	大不列顛
Guiana	蓋亞那

Gumelnita	古梅尼塔
Habsburg court	哈布斯堡宮廷
Hagia sophia	聖索菲亞大教堂
Hellespont	赫勒斯滂
Herat	赫拉特
Iolcos	愛奧爾卡斯王國
Ionian Sea	愛奧尼亞海
Ituri	伊圖里省
Kerala	喀拉拉邦
Khartoum	喀土穆
Kumasi	庫馬西
Kuntur Wasi	昆圖爾瓦西
Kyaiktiyo Pagoda，Golden Rock Pagoda）	大金石
La Tolita	拉托利塔
Lake Guatavita	瓜塔維塔湖
Lambayeque	蘭巴耶克
Las Médulas	拉斯梅德拉斯
León	萊昂
Lost Dutchman State Park	迷失荷蘭人州立公園
Lucca	盧卡
Lycia	呂基亞
Madre de Dios	馬德雷德迪奧斯
Mahabodhi Buddhist temple	摩訶菩提寺
Mainz	美因茲
Manchuria	滿洲國
Manoa	馬諾亞
Martha's Vineyard	瑪莎葡萄園島
Mexico City Cathedral	墨西哥城主教座堂
Money Pit	錢坑
Mycenae	邁錫尼
Nova Scotia	新斯科細亞省
Nubia	努比亞

Nuremberg	紐倫堡
Oak Island	橡樹島
Ordos	鄂爾多斯
Orinoco River	奧利諾科河
Padmanabhaswamy	帕德瑪納巴史瓦米神廟
Palazzo Fortuny	佛圖尼宮
Pamplona	潘普洛納
Papua New Guinea	巴布亞紐幾內亞
Para	帕拉
Porgera	波爾蓋拉
Quivira	基維拉
Rangoon	大光
River Pactolus	帕克托羅斯河
River Styx	斯堤克斯河
Roanoke	羅阿諾克
Rochester	羅徹斯特
Sacramento	沙加緬度
Sacred Cenote	聖井
Sado province	佐渡
Sant'ambrogio	聖安博教堂
São Jorge da Mina de Ouro，St. George of the Gold Mine	金礦聖喬治堡
Sardis	撒狄
Săsar River	薩薩爾河
Saxony	薩克森
Scala	斯卡拉
Shwedagon Pagoda	雪德宮大金塔
Sipán	西潘
Someş River	索摩什河
St. Denis Church	聖丹尼斯教堂
Suffolk	沙福郡
Superstition Mountains	迷信山脈

Tate Britain	泰特不列顛美術館
Tenochtitlan	特諾奇提特蘭
the Eastern Desert	東部沙漠
the Grand Canal	大運河
the Great Plain	北美大平原
the Shrine of Madonna of Loreto	洛雷托聖母殿
Thessaloniki	塞薩洛尼基
Thiruvanathapuram	提魯瓦南塔普拉姆
Tisza River	提薩河
Tours	杜爾
Tower of London	倫敦塔
Transvaal	德蘭士瓦
Varna Necropolis	瓦爾納古墓
Wat Saket	金山寺
Witwatersrand	維瓦特斯蘭
Yangon	仰光

機構名

ADAGP（Association pour la diffusion des arts graphiques et plastiques）	法國圖像和造型藝術傳播協會
Aga Khan Museum	阿迦汗博物館
American Numismatic Association	美國錢幣協會
Argor-Heraeus	賀利氏
Artist Rights Society，ARS	藝術家權利學會
AT&T Archive and History Center	美國電話電報公司檔案館暨歷史中心
Aurul	奧羅
Barrick Gold	巴里克黃金公司
Bayerische Staatsbibliothek	巴伐利亞邦立圖書館
BBC	英國廣播公司
Bell Telephone Laboratories	貝爾實驗室
Bibliothèque nationale de France	法國國家圖書館

Bridgeman Images	布里奇曼圖像資料庫
Bureau of Indian Affairs	原住民事務部
Byzantine Museum	拜占庭博物館
California State Mining and Mineral Museum	加州州立採礦與礦物博物館
Central State Museum	哈薩克斯坦中央國家博物館
Chemical Heritage Foundation Collections	化學遺產基金會典藏中心
Clark Art Institute Library	克拉克藝術中心
Dominican order	道明會
Earthworks	土木工程
Electrolytic Marine Salts Company	電解海鹽公司
Field Museum	菲爾德自然史博物館
Fisher Scientific International	飛世爾國際科技公司
Fletcher Fund	弗來徹基金會
Freer Gallery of Art	華盛頓區弗瑞爾藝廊
Friends of The Costume Institute Gifts	服裝學院之友捐贈
Galerie Würthle	國家畫廊（奧地利）
Galleria degli Uffizi	烏菲茲美術館
Getty Open Content	蓋蒂開放圖庫
H. O. Havemeyer Collection	H. O. 哈梅耶典藏
Harris Brisbane Dick Fund	哈里斯‧布里斯班‧迪克基金會
Human Rights Watch	人權觀察組織
Institute of Materials, Minerals and Mining（IOM3）	材料、礦物與採礦研究所
International Monetary Fund	國際貨幣基金組織
Jack Shainman Gallery	傑克‧史恩曼畫廊
Jet Propulsion Laboratory，JPL	噴射推進實驗室
Jordan Museum	約旦博物館
Kunsthistorisches Museum	藝術史博物館
Lawrence Berkeley Laboratory	勞倫斯伯克利國家實驗室
Leaves of Gold Learning Center	金箔學習中心
Library of Congress Prints and	國會圖書館印刷與圖片組

Photographs Division	
Metropolitan Museum of Art	大都會藝術博物館
Mining History Association	採礦史協會
MiningWatch Canada	加拿大採礦觀察
Minneapolis Institute of Arts	明尼阿玻里美術館
Morgan Library	摩根圖書館
Musée Condé	孔德博物館
Musée du Louvre	羅浮宮
Musée National de la Renaissance	國立文藝復興博物館
Museo del Oro del Banco de la República	哥倫比亞中央銀行黃金博物館
Museo Nacional de Antropologia	國立人類學博物館
NASA	美國國家航空暨太空總署
National Archaeological Museum	國家考古博物館
National Mining Association	國立採礦協會
National Museum of Ireland	愛爾蘭國家博物館
Northwestern University	西北大學
Numthong Gallery	南通畫廊
Oriental Numismatic Society	東方錢幣協會
Oxfam	樂施會
PD-Australia	澳洲警察局
PricewaterhouseCoopers	資誠企業管理顧問股份有限公司
ProtestBarrick	巴里克抗議網站
Responsible Jewellery Council，RJC	責任珠寶業委員會
RMN-grand palais	法國國家博物館聯會巴黎大皇宮博物館
Robert Lehman Collection	羅伯特・雷曼典藏
Sächsische Landesbibliothek-Staats-und Universitätsbibliothek Dresden	德勒斯登薩克森州立與大學圖書館
Secret Service	美國特勤局
Smithsonian	史密森尼學會
Sutter's Mill	沙特鋸木廠
the Bank of England	英格蘭銀行
The British Library	大英圖書館

the British Museum	大英圖書館
the Egyptian Museum	埃及博物館
The J. Paul Getty Museum	蓋蒂博物館
Tumbas Reales de Sipan Museum	祕魯西潘王陵寢博物館
U. S. Bureau of Labor Statistics	美國勞工部勞動統計局
U. S. Mint	美國鑄幣局
U. S. National Library of Medicine	美國國家醫學圖書館
Underground Gold Miners Museum	地下金礦工博物館
University of Bologna	波隆那大學
Vanni Archive	萬尼檔案館
Varna Archaeological Museum	瓦爾納考古學博物館
Walters Art Museum	沃爾特斯藝術博物館
Williams College	威廉斯學院
Williams College Library	威廉斯學院圖書館
World Gold Council	世界黃金協會

著作 / 作品名稱

A Goldsmith in His Shop, Possibly Saint Eligius	《店舖中的金匠，或聖埃利吉烏斯》
A Wonder-Book for Boys and Girls	《奇妙故事》
Advancement of Learning	《學問的演進》
Alchemist with Monkey	《帶著猴子的煉金術士》
Amphitheater of Eternal Wisdom	《永恆智慧的圓形劇場》
Annunciation with Saints Ansano and Margaret	《聖母領報和聖瑪加利與聖安沙諾》
Artists and Models Abroad	《藝人與模特兒海外發展記》
Atalanta fugiens	《亞特蘭妲大逃亡》
Benna Cross	貝納十架
Bibliotheca historica	《史學全集》
Black Hours	《黑色時光》
Blood, Milk, Ink, Gold: Abundance and	《血、奶、墨、金：法國文藝復興時期

Excess in the French Renaissance	的富足有餘》
Book of Wisdom	《智慧篇》
Byzantine Deesis	《拜占庭祈禱圖》
Captain Kid's Farewell to the Seas, or the Famous Pirate's lament	〈基德船長告別海洋，又稱知名海盜的哀悼〉
Chasing the Sun: The Epic Story of the Start that Gives Us Life	《追日：人類生命泉源的行星史詩》
Chronicle of Peru	《祕魯編年史》
Codex Palatinus	巴拉丁拉丁文譯本
Commentaries	《述評》
Corónica de las Indias	《印第安人編年史》
Culhwch and Olwen	《奇虎克與歐文》
Danaë	《戴納漪》
De re metallica	《論礦冶》
El Carnero	《羊的故事》
Elixir: A History of Water and Humankind	《長生不老的關鍵：人類與水的歷史》
Epic of Gilgamesh	《吉爾伽美什史詩》
Field of the Cloth of Gold	《金帛盛會》
Financial Times	金融時報
Flash Gordon	《飛俠哥頓》
Forms from the Gold Field	《黃金田之類》
Fresh and Fading Memories	《鮮明與褪色的記憶》
General Custer's Death Struggle: The Battle of the Little Bighorn	《卡士達將軍之垂死掙扎：小大角戰役》
Gold Field	《黃金田》
Gold Mine, Sado Province	《佐渡金礦》
golden salt cellar	《金鹽盒》
Gospel of Saint-Médard de Soissons	《聖梅達爾斯瓦松福音書》
Greed	《貪婪》
Haft Awrang	《七寶座》
Harper's Weekly	哈潑週刊
Histories	《歷史》

Iliad	《伊利亞德》
January: The Feast of the Duke of Berry	《一月：貝里公爵的盛宴》
Jason and the Argonauts	《傑森與阿爾戈英雄》
Le silence est d'or	《沉默是金》
Les Très Riches Heures du duc de Berry	《貝里公爵的豪華時禱書》
Leyden Papyrus X	《莎草紙 X》
Madonna of Loreto	《洛雷托聖母》
Mantiq al-Tayr	《群鳥之語》
McTeague	《麥克梯格》
Melting Void: Molds for the Mind	《虛空消散：心智的模子》
Metamorphoses	《變形記》
Metropolis	《大都會》
Midas washing away his Curse in the River Pactolus	《麥得斯在帕克托羅斯河洗淨詛咒》
Mining Life in California-Chinese Miners	《華人礦工在加州的挖礦生活》
Mirâj Nâmeh，Miraculous Journey of Muhammad	《夜行登宵之書》
Monument to the Great Fire of London	倫敦大火紀念碑
Nei P'ien	《抱朴子內篇》
Nibelungenlied	《尼伯龍根》
Nueva corónica y buen gobierno	《第一部編年史及良好的政府制度》
Papyrus Graeus Holmiensis	《斯德哥爾摩莎草紙》
Portrait of Adele Bloch-Bauer	《艾蒂兒畫像》
Prose Edda	《散文詩愛達》
Puck	《帕克》
Qur'an	《古蘭經》
Rāmāyana	《羅摩衍那》
Record of Buddhist Monasteries in Lo-Yang	《洛陽伽藍記》
Rhinoplasty	《鼻整形手術》
Shāhnāmeh	《列王紀》
Shrine of the Three Kings	三王聖龕
Siegfried and the Twilight of the Gods	《齊格非與諸神黃昏》

Siete Partidas	《七法全書》
Sinope Gospels	錫諾普福音書譯本
Solon Before Croesus	《梭倫侍立於克羅西斯王前》
Splendor Solis	《太陽的光耀》
Spondent pariter quas non exhitbent	《他們空有承諾》
Star Trek	《星際爭霸戰》
Star Wars	《星際大戰》
Symbola aureae mensae duodecim nationum	《十二支派的煉金術桌符號》
The Alchemist	《煉金術士》
the Book of Hours	《時禱書》
the Catalan Atlas	《加泰隆尼亞地圖》
The Discovery of Guiana	《蓋亞那探行》
The Frogs	《蛙》
The Great Warming: Climate Change and the Rise and Fall of Civilizations	《歷史上的大暖化》
The Kiss	《吻》
The Loss of El Dorado	《失落的黃金國》
the M iraj of the Prophet	《先知的米拉吉》
the Opus Caroli	《加洛林書刊》
The Passionate Triangle	熱情的三角形
The Theory of the Leisure Class	《有閒階級論》
The Treasure of the Sierra Madre	《碧血金沙》
the Women	《女人至上》（電影）
Thessaloniki Epitaph	《塞薩洛尼基墓誌銘》
Zone de sensibilité picturale immatérielle	《無形畫感受區》

作者	蕾貝卡‧左拉克（Rebecca Zorach）
	小麥可‧菲利普（Michael W. Phillips Jr）
譯者	黃懿翎
責任編輯	陳姿穎
封面 / 內頁設計	任宥騰
行銷企劃	辛政遠、楊惠潔
總編輯	姚蜀芸
副社長	黃錫鉉
總經理	吳濱伶
執行長	何飛鵬
出版	創意市集
發行	英屬蓋曼群島商家庭傳媒 股份有限公司城邦分公司 歡迎光臨城邦讀書花園網址： www.cite.com.tw

黃金的傳奇史

拜金6000年，黃金如何統治我們的世界

香港發行所

城邦（香港）出版集團有限公司
香港灣仔駱克道 193 號東超商業中心 1 樓
電話：(852) 25086231
傳真：(852) 25789337
E-mail：hkcite@biznetvigator.com

馬新發行所

城邦（馬新）出版集團 Cite (M) Sdn Bhd
41, Jalan Radin Anum, Bandar Baru Sri Petaling,
57000 Kuala Lumpur, Malaysia.
電話：(603) 90578822
傳真：(603) 90576622
E-mail：cite@cite.com.my

客戶服務中心

10483 台北市中山區民生東路二段 141 號 2F
服務電話：（02）2500-7718 -（02）2500-7719
服務時間：週一至週五 9：30 ～ 18：00
24 小時傳真專線：（02）2500-1990 ～ 3
E-mail：service@readingclub.com.tw

展售門市　台北市民生東路二段 141 號 7 樓
製版印刷　凱林彩印股份有限公司
初版一刷　2022 年 9 月
Ｉ Ｓ Ｂ Ｎ　978-626-7149-12-6
定價　新台幣 560 元

國家圖書館出版品預行編目 (CIP) 資料

黃金的傳奇史
拜金 6000 年，黃金如何統治我們的世界 / 蕾貝
卡‧左拉克 (Rebecca Zorach), 小麥可‧菲利普
(Michael W. Phillips Jr) 著　; 黃懿翎譯.
創意市集出版：英屬蓋曼群島商家庭傳媒
股份有限公司城邦分公司發行　2022.09
── 初版 ── 臺北市 ── 面：公分

ISBN 978-626-7149-12-6(平裝)

1.CST: 黃金 2.CST: 歷史

453.1　　　　111009418

Gold: Nature and Culture by Rebecca Zorach and Michael W.
Phillips Jr was first published
by Reaktion Books, London, 2016 in the Earth series.
Copyright © Rebecca Zorach and Michael W. Phillips Jr 2016
This edition arranged with REAKTION BOOKS LTD
through BIG APPLE AGENCY, INC., LABUAN, MALAYSIA.
Traditional Chinese edition copyright:
2022 InnoFair, a division of Cite Publishing Ltd.
All rights reserved.